우리 아이 속마음&별난 행동 처방전

나쁜 아이는 없다

나쁜 아이는 없다

우리 아이 속마음&별난 행동 처방전

초판 1쇄 인쇄 2019년 1월 18일
초판 1쇄 발행 2019년 1월 25일

지은이 윤정애

펴낸이 강기원
펴낸곳 도서출판 이비컴

디자인 조선화
마케팅 박선왜 원보국

주 소 (02635) 서울 동대문구 천호대로81길 23, 201호
전 화 02-2254-0658 **팩스** 02-2254-0634
등록번호 제6-0596호(2002.4.9)
전자우편 bookbee@naver.com
ISBN 978-89-6245-163-4 (13590)

「이 도서의 국립중앙도서관 출판예정도서목록(CIP)은 서지정보유통지원시스템 홈페이지
(http://seoji.nl.go.kr)와 국가자료공동목록시스템(http://www.nl.go.kr/kolisnet)에서
이용하실 수 있습니다. (CIP제어번호: CIP2019000917)

우리 아이 속마음&별난 행동 처방전

나 쁜 아 이 는 없 다

윤정애 지음

이비락 樂

　국문학과에 진학하고 싶었다. 아이 넷, 뼛속까지 농부인 부모님은 빠듯한 살림에 셋째 딸까지 줄줄이 대학에 진학시키기 위해 버거워하셨다. 취업 걱정 없다는 언니의 권유로 유아교육과에 입학했다. 취미에 맞지 않는다는 핑계를 대며 문학동아리에 열심히 다녔다. 시와 문학은 허기진 마음을 달래주는 유일한 곳이었다. 졸업 후 유치원 교사로 첫 사회생활을 시작했다. 생각과 달리 내가 가르치는 일에 소질이 있다는 걸 알게 되었다. 스스로 못생겼다고 생각하는 내게 선생님이 세상에서 제일 예쁘다고 칭찬해주는 아이들이 예뻤다. 결혼하고 내 아이를 키워보니 아이들의 마음을 더욱 잘 알게 되었다. 마음이 순수한 아이들은 관심과 사랑이 최고의 약이다. 유치원 교사를 시작으로 아이들과 함께하는 삶을 쉬지 않았다. 그렇게 아이들에게 점점 더 빠져들었고 그들을 위한 최고의 교사가 되려고 노력했다. 대학원에서 심리학을 공부하였다. 알면 알수록 더 알고 싶어지는 아이들, 그동안의 경험으로 내 삶과 아이들에 관한 이야기를 나누고 싶었다. 아름다운 동화와 같은 아이의 마음과 행복한 일상을 나누고 싶어 블로그를 운영한다. 블로그에 미처 담지 못한 이야기를 하고 싶다. 책을 쓴다고 생각하니 하루하루 가슴 떨리고 행복한 시간이다. 작가가 되고 싶었던 어린 시절 꿈을 생각하니 가슴이 뛴다. 25년 동안 수많은 아이를 만났다. 글을 쓰면서 잊고 지냈던 아이들이 하나둘 떠오르며 가슴이 벅차오르기도 했다. 교사가 되어 '첫해에 졸업한 아이들은 벌써 서른 살이 훌쩍 넘었다. 결혼식 때 화동을 해주었던 아이들은 어떻게 자랐을까? 벌써 시집 장가가서 아들딸 낳고 잘살고 있으리라.'수많은 기억이 밀물처럼 밀려온다. 아이들과 함께한 내 삶은 행복했고 의미 있는 시간이었다.

지금부터 약 15년 전쯤이었을까. 18개월 남자아기를 만났다. 아기는 겉으로는 정상아처럼 보였지만 아이와 함께한 놀이를 통해 직감적으로 평범하지 않다는 것을 알게 되었다. 조금 더 정확한 정보를 얻기 위해 24개월이 될 때까지 아이의 행동과 인지, 부모의 양육 태도를 관찰하였다. 중간중간 아이 엄마에게 아이가 평범하지 않다는 이야기를 하였고, 나는 그 아이가 유사자폐라는 사실을 조심스럽게 일러주었다. 엄마는 충격을 받고 다음 날 소아정신과에 가서 여러 가지 검사를 받았다. 결국 병원에서 같은 결과를 받고 전문기관에서 치료받기 시작했다. 아이는 자라가면서 눈에 띄게 달라지기 시작했다. 부모는 빨리 발견한 것에 대한 감사함을 나에게 전해 주었다. 그때부터였을까. 아이의 양육 환경과 놀이의 중요성, 정확한 관찰, 발달단계를 이해하고 부모에게 알려주는 일이 얼마나 중요한 일인지를 알고 도와주고 싶은 마음을 갖게 되었다.

2015년, 꿈꿔왔던 심리상담센터 《우리아이행복연구소》를 열었다. 프로그램과 내부 환경 등을 손수 준비하며 아이들을 만날 생각에 모든 것이 설렘 그 자체였다. 사실 아이와 함께하는 삶은 축복이다. 나와 만나는 모든 아이가 행복하기를 간절히 바랄 뿐이다.

이 책은 지난 25년 동안 아이들과 생활하면서 관찰하고 통찰한 나와 아이들에 관한 이야기이다. 서로 다른 아이의 속마음과 이유 있는 별난 행동들, 또 새로운 관계 속에서 나타나는 아이의 성격 유형을 파악하고 그 지혜로운 대처법을 사례 중심으로 다루었다. 아무쪼록 아이의 양육과 교육의 최전선에서 고군분투하시는 가정의 부모님과 어린이집, 유치원, 초등학교 선생님들께 부족하나마 아이들을 이해하고 양육하는 데 도움 되었으면 하는 마음이다.

끝으로 결혼 후 20년 동안 일에 빠져 살아온 나를 묵묵히 바라봐 주고 지지해 준 사랑하는 가족들에게 무한 애정과 감사를 전한다.

2장

나쁜 행동은 없다

부모의 행동을 보고 배우는 아이

이유 있는 아이들

죄책감은 아래로, 책임감은 위로

문제 있는 아이는 없다

4장

부모가 버려야 할 우선순위는 '조급함'

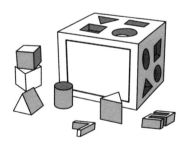

애착심이 강한 아이들

아이를 아이답게!

1장

나쁜 성격은 없다

인간은 선천적으로 선하다는 성선설을 믿는 교사이다. 25년 동안 수없이 많은 아이를 겪어보았다. 부모는 자기 아이의 이런 점을 고쳤으면 좋겠다고 말한다. 과학적으로 성격은 유전된다. 내향적인 성격의 부모가 내 아이만큼은 사람 앞에서 활발하고 명랑했으면 좋겠다고 생각한다. 유아기를 지나 초등학교에 입학한 아동기를 보내는 아이를 보면 영락없는 어릴 적 자신의 모습을 본다. 조금만 더 적극적이고 차분하기를 바라지만 내 맘처럼 되지 않는다.

아이는 있는 그대로를 인정해 줄 때 가장 빛을 발한다. 지금 그대로의 모습으로 격려해주고 인정해주면 된다. 스스로 성장하고 싶은 욕구가 있는 아이들은 내면의 힘만 있으면 언제든 원하는 대로 나를 바꿀 수 있다. 그때가 왔을 때 욕구를 충족할 힘을 키워주면 된다. 나를 만나는 부모들은 선생님의 얘기를 들으면 우리 아이가 세상에서 가장 빛이 나는 것처럼 보인다고 말한다. 그렇게 하면 된다. 아이를 믿어주고 인정해주자. 지금의 모습을 가장 사랑하고 여겨주자.

만일 내가 다시 아이를 키운다면 먼저 아이의 자존심을 세워주고 집은 나중에 세우리라, 아이와 함께 손가락으로 그림을 더 많이 그리고 손가락으로 명령하는 일은 덜 하리라, 아이를 바로잡으려고 덜 노력하고 아이와 하나가 되려고 더 많이 노력하리라. ....(중략) 덜 단호하고 더 많이 긍정하리라. 힘을 사랑하는 사람으로 보이지 않고 사랑의 힘을 가진 사람으로 보이리라.

ㅡ 『만일 내가 아이를 키운다면』, 다이애나 루먼스 중에서

아이 성격과
부모 성격

　이혼하는 부부에게 이유를 물어보면 보통 '성격 차이'라고 말한다. 같이 살지 못하는 수백만 가지의 이유 중 가장 설명하기 쉬운 대답이다. 부부는 성격이 맞지 않으면 헤어지면 되지만 자식은 그렇지 않다. 어쩌면 평생 짊어지고 가야 할 숙제 같은 존재이다. 상담하러 오는 부모가 "선생님, 저는 아이랑 성격이 너무 안 맞아요."라며 하소연한다. 도대체 나와 다른 아이의 성격을 이해할 수가 없다. 처음부터 이해할 수 없는 존재라고 생각하고 있는 건 아닌지 자신을 따져 보자.

　성격심리학자들은 인간의 성격을 빅 파이프(Big Five) 개념으로 설명한다. 외향성, 신경성, 성실성, 친화성, 개방성이 그것이다. 모든 사람에게 혈액형과 몸무게가 있듯이 사람들은 다섯 가지의 성격 특성을 모두 갖고 있다. 완벽하게 내향적이거나 외향적인 성격은 없다. 다섯 가지 유형의 수치가 높고 낮은 정도의 차이가 있을 뿐이다. 성격은 부분적으로 자기가 가지고 있는 유전자 유형에 의해 결정된다. 그러므로 엄마 아빠의 성격을 닮는 것은 과학적으로 당연한 사실이다.

"선생님, 저는 어릴 때 안 이랬어요. 얘는 왜 이럴까요?"

부모 유전자 외에 아이 고유의 유전자도 있으니 아이의 별난 성격을 받아들이자. 좋은 성격과 나쁜 성격이란 없다. 있는 그대로의 아이를 인정하고 받아들이면 된다.

"우리 아이는 제발 저를 닮지 않았으면 좋겠어요."

이렇게 말하는 부모의 아이를 보면 부모와 똑 닮은 모습이 더 잘 관찰되곤 한다. 자라면서 자신이 가지고 있는 성격 때문에 불이익을 당했거나 살아가는 데 불편함을 느낀다면 더욱더 이런 생각을 하게 된다. 교과서 같은 이야기지만 자신이 가진 성격을 이해하고 자각해야 한다. 성격은 바꿀 수 없다. 단점이라고 생각되는 내 성격을 물려받았다면 엄마가 경험한 것을 나누며 아이가 자신을 이해하는 데 도움을 주는 것이 현명하다.

초등학교 5학년 남자아이의 독특한 성격을 이해할 수 없다며 상담을 온 엄마가 있다. 착하고 사랑스럽지만 왠지 소통이 안 된다는 엄마이다. 답답할 만큼 고집스럽고 남을 신경 쓰지 않는 태도가 걱정이라고 한다.

'남편의 이것만은 닮지 않았으면......' 하는 부분을 똑같이 닮았다고 느낄 때마다 잔소리하게 된다. 남편의 단점을 사랑하는 아들에게서 느끼니 고쳤으면 하는 바람이 간절하다. 가족뿐 아니라 관계에서 갈등을 없애려면 서로 다름을 인정하는 것이다. 나한

테 맞추려 하고 고치려고 하는 순간부터 갈등이 생긴다. 나를 이해하는 것은 아이를 양육할 때 매우 중요한 요소이다.

에니어그램(Enneagram)이라는 성격검사에서는 사람의 유형을 가슴중심, 머리중심, 장중심으로 나눈다. 가슴중심 성향의 사람은 자아 이미지가 중요하다. 수치심과 외로움을 잘 느낀다. 머리중심 성향의 사람은 행동하기 전에 생각하고 논리적이다. 두려움과 공포를 주된 감정으로 느끼고 안전을 가장 중요하게 생각한다. 장중심의 성향은 힘이 중요하고 현실적이다. 자기를 방어하는 밑바닥에 분노가 있다. 욱하는 성향이 있다.

머리중심 유형의 아이와 장중심 유형의 엄마가 상담을 왔다. 아빠는 아이와 같은 유형이다. 뭐든지 본인이 해야 직성이 풀리는 엄마는 느긋하고 천하태평인 딸이 답답하다. 딸과 같은 유형의 아빠는 아이와 더 자주 갈등이 생긴다. 아빠나 딸, 둘 다 겁이 많지만 표현 방법이 다르다. 안

전에 대한 걱정으로 뭐든 꼼꼼히 살피는 아빠는 두려움을 회피하기 위해 대충하는 딸이 못마땅하다. 이런 부녀를 바라보고 있는 엄마는 분통 터진다. 일단 부딪혀 보고 경험해 보면 된다고 생각한다. 욱하는 감정이 올라오지만 가정의 평화를 위해 참는다. 이 가족은 각자의 성격을 탐색하면서 서로를 이해하기 시작했다. 아빠와 딸이 기본적으로 불안해하는 감정을 이해하고 엄마의 활기차고 밝은 에너지 뒤에 숨은 감정을 이해하면서 갈등이 줄어들었다.

자기 자신을 알고 이해하는 것이 중요한 이유이다. 화가 날 때 내가 어떤 마음인지, 무엇이 나를 흥분하게 만드는지를 느껴보자. 감정을 한 발짝 뒤로 물러서서 바라보면 머리끝까지 치밀어 올랐던 화가 가라앉는 것을 느낀다. 화가 나면 이성을 잃게 되고 아이에게 쏘아붙이는 말이 곱게 나오지 않는다. 서로에게 돌이킬 수 없는 상처를 줄 수도 있다. 이렇게 되기까지 절대로 쉽지는 않다. 아이가 쓸데없는 고집을 부려 혈압이 상승할 때 일단 3초만 심호흡해 보자. 예민한 아이가 엄마의 신경성 수치를 끌어올릴 때도 심호흡을 하고 낮은 톤의 목소리로 대화해 보자. 아이는 그대로지만 엄마의 스트레스 수치가 떨어지는 것을 느낄 수 있다. 이렇게 연습하고 노력해도 아깝지 않을 만큼 내 아이는 세상에서 가장 소중하고 귀한 존재이다.

1
고집 센 아이
〈3~7세〉

　어두컴컴한 시골 마당에서 계집아이가 울고 있다. 창호지 창살 안에서 엄마의 따끔한 소리가 들린다. 얼굴에는 오기와 독기를 머금고, 악을 쓰며 울다 점점 소리가 잦아든다. 아무것도 보이지 않는 깜깜한 골목에서는 개구리 소리와 풀벌레 소리, 어둠 너머로 들려오는 이웃집 개 짖는 소리뿐이다. 엄마가 밖에 혼자 있으면 귀신이 잡아간다고 으름장을 놓는다. 집 안으로 들어가고 싶다. 큰소리로 야단친 엄마가 밉고 오기가 생겨 집 안의 불이 꺼질 때까지 기다린다. 딸을 달래려는 마음이 눈곱만큼도 없는 엄마도 고집이 고래 심줄이다. 무슨 이유로 야단을 맞고 집 밖으로 쫓아 나왔는지 기억은 없다. 자존심 때문에 어두운 골목에서 엄마에게 저항했던 기억만 어슴푸레 난다. 집 안에서 엄마의 투덜거리는 소리가 들린다. "계집애가 누굴 닮아서 저렇게 고집이 셀까!" 당연히 엄마를 닮았고 아빠를 닮았다. 언니는 나보다 더했다. 한번 우기기 시작한 건 절대 뜻을 꺾는 법이 없었다. 고등학교를 거쳐 대학교에 갈 때까지 언니의 고집스러운 행동은 엄마를 곤란하게 할 때가 많았다. 우리 자매는 그런 고집으로 하고 싶은 일은 끝까지 해내고 마는 끈기를 가졌다. 어려움이 닥쳤을 때도 포기하지 않는 고집스러운 성격은 지금을 즐길 줄 알고 하고 싶은 일을 하며 사는 원동력이 되었다.

황소고집인 아이들을 만난다. 고집스러운 아이를 상담실에 데리고 오는 엄마는 일상의 힘든 육아를 풀어낼 때면 한숨부터 쉰다. 고집 센 아이는 자기주장이 강하고 언뜻 보기에는 떼도 많이 쓰는 것처럼 보인다. 엄마와 신경전은 계속되고 서로의 뜻을 굽히지 않기 위해 그야말로 아이와 싸움을 시작한다. 이 신경전에서 영유아기 때는 아이가 승리할 때가 많다. 남들 시선이 부끄러워 일단 아이의 말부터 들어주기 때문이다. 초등학교 때는 엄마의 폭풍 잔소리로 대응한다. 누구의 기가 더 센가에 따라 승리의 주체가 달라진다. 누가 이겼든 씩씩거리며 결과에 분해한다. 시간이 흐른 후 서로의 감정을 이해하고 사과하는 시간이 오면 그렇게까지 화를 냈던 일을 후회하게 된다. 지금의 마음이 사건이 일어났을 때의 마음이었다면 대화로 풀어 갈 수 있었을 것이라는 깨달음을 얻는다.

재호는 인사를 잘 하지 않는다. 아무 때라도 인사를 하지 않는 아이가 엄마는 부끄럽다. 타이르고 예의범절을 가르쳐도 안 된다. 야단을 쳐도 꿈쩍하지 않는다. 왜 인사를 하지 않는지 물어보았다. 인사하는 것이 너무 부끄러워서 그렇다고 한다. 아이의 마음을 그대로 읽어주고 인정해 주었다. 먼저 인사를 하고 부드럽게 말해준다. 선생님이 너를 만나 반가워서 인사를 하는데 너는 인사를 안 하니 서운하고 속상하다고.

다음날 아이는 작은 목소리로 인사를 한다. 서로 인사를 하며 기분이 좋다는 감정을 나누니 그 뒤부터는 자연스럽게 인사를 하게 된다. 감정을 읽어주고 인정해 준다. 부끄러워서 하지 않은 행동이 "고집이 너무 세다."는 말을 아이가 듣는 곳에서 하면 말하는 대로 고집 센 아이가 될 수 있다. '아, 난 부끄러워서 인사를 안 했는데 내가 고집이 세서 하지 않는구나'라고 생각할 수도 있다. 재호는 아직도 인사하는 게 부끄럽다. 나를 오랫동안 만났지만 인사할 때만큼은 수줍어서 목소리가 기어들어 간다. 그래도 지적하지 않는다. 먼저 부드럽게 인사하고 항상 일관되게 바른 자세로 웃으며 인사한다. 인사하지 않는 아이에게 머리를 억지로 숙이게 한다든가 "인사해야지!"라는 말은 수치심을 주게 된다. 모방할 수 있는 모습을 보여주기만 하자.

성현이 부모는 맞벌이한다. 출근길에 유치원에 데려다준다. 늘 엄마가 하던 일이었지만 그날은 아빠의 휴가로 역할이 바뀌었다. 아빠는 집에서 가까운 길을 택했다. 평소와 다른 길로 접어드는 아빠를 보며 이 길이 아니라고 울먹이기 시작했다. 아빠는 무시하고 이쪽으로 가면 유치원이 있다고 말해도 막무가내다. 아빠는 아이를 이해할 수 없었지만 울며 떼쓰는 아이가 귀찮아 먼 길을 돌아서 간다. 그제야 성현이 얼굴에 미소가 번지고 유치원에 들어가기 전 손까지 흔들며 인사를 한다. 왜 그랬을까?

엄마와 늘 함께 다니던 길에는 나무도 있고 돌멩이도 있다. 아침마다 인사하며 이러쿵저러쿵 이야기도 하며 지나갔는데 아빠가 선택한 그 길은 익숙하지도 않고 친숙했던 일상이 없다. 질서가 무너져 혼란스럽고 싫었던 거다. 이런 설명을 들은 아빠는 고개를 끄덕이며 아이를 이해하지 못한 것에 미안함을 표현한다. 이렇게 아이의 발달을 이해하지 못해 고집스러움으로 단정 짓는 실수를 할 수도 있다.

아이는 계단식 발달을 한다. 유아기의 발달에는 민감기가 있다. 2~6세경 질서의 민감기에는 줄 세우기, 짝 찾기, 정리하기, 했던 일 반복하기, 장난감 있던 자리에 있는 것을 보기, 시간의 흐름을 반복하기(어제 그 시간에 했던 것 다시 하기) 등에 민감하게 반응한다. 경험한 것에 대한 반복과 규칙을 좋아한다. 아이의 발달을 이해하면 아이의 고집을 이해할 수 있고 지혜롭게 성장을 도울 수 있다.

미지 엄마는 "선생님, 큰 애 키울 때는 이런 일이 없었는데, 정말 난감해요. 쪼그만 게 고집이 장난이 아니에요." 키울수록 고집이 세다고 하소연한다. 이제 4살이 된 미지는 마음에 들지 않는 일이 있으면 한 시간 이상 울음을 그치지 않는다. 땅바닥에 누워서 꿈쩍도 하지 않을 때도 있다. 협박도 하고 달래기도 하지만 아이의 고집과 떼는 더 강해지기만 한다. 미지의 기에 눌린 엄마는 아이가 또 떼를 쓸까 봐 갈등 상황이 생기면 미리 큰 아이에게 양보를 권하고 대충 다 들어준다.

놀이방에 찾아온 미지가 고집부리는 모습을 본다. 엄마는 어쩔 줄 모르고 달래기에 급급하다. 극도로 화가 난 아이는 엄마를 때리고 발로 차기까지 한다. 한 시간 이상을 울다 힘이 빠진 아이는 엄마 품에 안긴 채 집으로 갔다. 막내라서 귀엽다고, 예쁘다고 원칙 없이 양육했던 것이 화근이다. 상황에 따라 엄마의 대처 방법이 달라지니 아이는 '이래도 되는 가 보다' 생각한다. 엄마의 권위도 없다. 훈육할 때 지켜야 하는 권위가 없다 보니 엄마 말이 통하지 않는다. 미지 엄마는 상담 후에 많은 노력을 기울였다. 일관성 있는 훈육을 하려고 애쓰고 따로 책을 사서 공부도 한다. 아이의 마음에 공감해 주고 떼를 쓰고 고집을 부릴 때 엄마의 태도를 분명하게 하는 것도 실천한다. 아이와 함께 엄마의 성장도 바라보는 마음이 흐뭇하다.

때로는 엄마 대신 내가 강한 훈육자 역할을 하는 경우도 있다. 신우가 잔뜩 찌푸린 얼굴로 씩씩거리며 연구소로 들어온다. 오늘은 수업하지 않겠다며 문밖에서 엄마와 실랑이를 벌이고 있다. 밖으로 나가서 이유를 물어본다. "엄마가 약속을 안 지켰어요." "그랬구나. 많이 속상했나 보구나." 내 말이 떨어지기가 무섭게 닭똥 같은 눈물을 뚝뚝 흘린다. 옆으로 다가온 엄마에게는 팔을 휘두르며 저항을 하고 입고 있던 외투를 벗어 던지며 발로 밟고 분노를 표출한다. 한번 틀어지면 아무도 막을 수 없는 고집이다. 아이 앞에서 쩔쩔매는 엄마를 다른 곳으로 보내고 놀이방으로 데리고 들어온다. 엄마가 없으니 한풀 꺾이긴 했지만 아직도 화가 난 상태다. 잘못한 행동을 지적하니 일어나서 의자를 넘어뜨리고 얼마나 화가 났는지를 행동으로 표현한다. 오늘 유치원을 마치고 친구와 놀기로 했는데 갑자기 친구 한 명이 일이 생겨 약속이 취소됐다. 차를 타고 오면서 듣게 된 약속 취소는 기대했던 신우의 마음을 속상하게 했고 모든 것을 엄마 탓으로 돌린다. 엄마 때문이 아니라는 말은 이미 들리지 않는다. 화풀이 대상이 엄마고 아이에게 단호하지 못한 엄마는 대충 넘어가려고 한다. 엄마의 태도는 아이의 화를 더 불붙게 만든다. 평소와는 다르게 무서운 내 표정을 살피며 눈치를 본다.

속상한 신우의 마음을 충분히 공감해 준 후 근엄하고 무게 있는 목소리로 타이른다. 물리적인 벌이나 꾸지람을 하지 않고 오늘 한 행동에 대한 것만 짚으며 잘못을 깨닫게 한다. 신우 엄마를 따로 불러 상담했다. 양육 태도에 대한 이론적인 지식은 알고 있지만 실천이 잘 안 된다는 엄마이다. 알고 있는 것을 또 들으면서 작은 것부터 실천하기로 한다. 신우는 학교에 들어가면서부터 많이 달라졌다. 의젓해지고 이유 없는 고집을 부리지도 않는다.

누구나 어느 한 부분에 고집을 갖고 산다. 교육자라면 누가 뭐라고 해도 소신 있는 교육을 하는 고집, 유명한 음식점에 가보면 그 집에서만 고집하는 음식 철학이 있다. 성공한 사람들을 보면 그런 고집 덕분에 부와 명예를 가진 경우가 많다. 지금 내 아이가 가지고 있는 고집이 소신이고 자존심이라고 생각하면 부모의 잔소리와 걱정은 확연히 줄어들게 틀림

없다.

길거리나 마트에서 드러눕는 아이의 모습에 난감해하지 않을 부모는 없다. 엄마 말은 들은 척도 하지 않고 원하는 것을 사달라고 떼를 쓴다. 회유도 해 보았다가 급기야 협박까지 한다. 아이의 성향이나 기질에 따라 양육방법이 달라야 한다는 건 다 알고 있다. 흘깃흘깃 보는 사람들의 눈을 의식하면 쥐구멍에라도 들어가고 싶은 심정이다. 난감한 상황이 닥치면 엄마는 이성을 잃거나 주위의 눈을 의식해 원하는 것을 들어주고 만다. 아이는 엄마의 정서를 가장 먼저 느끼고 반응할 줄 안다. 그런 엄마를 이용하기도 한다. 엄마가 가장 먼저 해야 하는 일은 이성적으로 아이를 대하며 일관성을 유지하는 것이다. 말처럼 잘 안 되지만 얼마나 훌륭하게 자라려는지 벌써부터 이러나를 주문처럼 외며 아이의 행동을 긍정적으로 생각하자. 그리고 권위 있는 엄마의 모습을 보여주자. 고집불통 내 아이는 분명 건강하게 잘 자라고 있다.

어린이들이 주위 사람들을 제멋대로 부릴 수 있는 도구로 본다면 그들은 자신의 무력을 폭군적 행동으로 보상하게 된다. 이같은 명령적 권력 행사는 태어날 때 지니고 나오는 것이 아니라, 어른의 이와 같은 사태 진정의 방법이 아이에게 권력욕을 주는 것이다.

– 루소의 교육론 『에밀』 중에서

책과 함께 생각하기

아줌마는 해님도 틀림없이 맛있는 음식을 좋아할 거라며, 매콤달콤한 스파게티를 만들었어요. 하지만 역시 소용이 없었어요. 그런데…… 놀다가 놀다가 싫증이 난 꼬마가 해님을 찾아가 말했어요. "별과 반딧불이가 보고 싶어요. 고양이랑 침대에 누워서 할아버지의 옛날 얘기를 들으며 잠들고 싶어요. 해님! 이제 그만 주무세요. 그리고 내일 아침 다시 만나요." 그러자 해님이 서서히 사라졌어요. 어둑어둑해지더니 금세 밤이 되었지요. 예전처럼 아침, 점심, 저녁이 차례차례 찾아왔어요. 사람들은 궁금했어요. '도대체 어떻게 해님을 잠들게 했을까?'

– 제리 크람스키『고집쟁이 해님』중에서

💡 생각 질문1

바닥에 드러눕는 아이가 걱정스러운가요? 사람들의 시선이 부끄러운가요?

💡 생각 질문2

머리끝까지 화가 났을 때 엄마의 말을 듣고 싶었나요?

💡 생각 질문3

고집부리지 않는 순한 아이는 착한 아이일까요?

2
내향적인 아이
〈3~8세〉

　손을 들까 말까를 망설이거나 내가 아는 문제를 다른 친구가 먼저 맞출까 봐 초조해한다. 당당하게 손을 번쩍 들고 답을 말하고 싶지만, 생각과는 달리 쉽게 손이 올라가지 않는다. 발표했을 때 쏟아질 선생님과 친구들의 관심이 부담스럽다. 우물쭈물하다가 기회는 없어지고 마음속으로 아쉬움만 남긴 채 수업 시간이 훅 지나가 버린다.

　한 학년에 백 명 남짓 되는 시골 학교에 다녔다. 말수가 적고 학교에 가면 책만 보고 있던 아이였다. 어른이 되어 중학교 동창회를 한다고 간 적이 있다. 그 시절 추억이 새록새록 돋고 친구들의 얼굴은 주름만 늘었을 뿐 그대로다. 학교에서 조용하기만 했던 나를 기억하는 친구들은 소탈하고 활발한 지금의 모습에 적응이 안 된다고 한다. 학창시절 함께 했던 시간을 떠올리지 못하는 친구도 있다. 그만큼 나는 존재감 없는 아이였다. 지금의 나는 수십 명의 아이들, 학부모, 교사들 앞에서 강의하며 인정받는 교육전문가로 살고 있다. 내향적인 성향이 완전히 바뀌지는 않는다. 아직도 처음 보는 사람과 쉽게 대화를 끌어가지 못한다. 말 하기보다는 듣기를 좋아한다. 이런 성향이 상담사라는 제2의 직업을 선택하게 되었고 큰 장점이 되었다. 내향적인 아이들은 듣기를 잘한다. 잘 들으니 다른 사람의 말에 잘 공감하고 주위에 친구도 많다. 깊은 우정을 오래 간직하고 많은 사람에게 신뢰를 얻는다. 성격도 상대적이다. 조용하고 내향적인 면이 있지만 활달하고 명랑할 때도 있다.

> 내향적인 사람은 어떤 의미에서는, 세상이 주는 보상에 무관심하며,
> 따라서 보상에 구애받지 않는 비범한 힘과 독립성을 가진 사람이다.
> – 대니얼 네틀 『성격의 탄생』 중에서

영아기에는 아이의 기질이 보이고 유아기가 되면 성향까지 나타난다. 초등학교에 가면 성격이 확실하게 보인다. 내향적인 아이는 그룹 활동을 할 때도 자기주장을 큰소리로 펼치지 않는다. 친구들이 하는 것을 지켜보며 수긍하지 못 하는 일이 있을 때 조용히 말한다. 목소리 큰 친구의 말에 묻혀 버릴 때도 있지만 자기 목소리를 분명하게 낸다. 이런 모습을 볼 때면 중요한 건 성격이 아니라 아이가 가지고 있는 자신에 대한 믿음이다. 그러다가 선생님과 친해지고 신뢰감이 쌓였을 때는 같은 아이인가를 의심할 정도로 명랑하고 밝은 모습을 보인다. 성격은 누구나 양면성

을 갖고 있다.

교육에 대한 열정을 불태웠던 삼십 대에 이름만 들어도 알만한 교육회사에서 리더로 일한 적이 있다. 교사교육과 부모교육을 겸했다. 내향성을 가진 나는 사람들을 웃기거나 친화성은 떨어졌지만 성실함과 진정성으로 인정을 받았다. 회사 창립기념일 행사를 준비하는 과정에서 리더들이 공연하자는 의견이 나왔다. 부끄러움이 많아 앞에 나서기가 쉽지 않은 성격에 어려움이 많았다. 연습하면서도 소극적인 내 모습에 동료들도 한마디씩 거들었고 나도 자신이 없었다. 공연하는 날, 회사의 중역들과 교사들은 우리의 공연을 보고 배꼽을 잡고 넘어갔다. 특히 나의 바보스러운 분장과 리얼한 연기에 회장님은 연신 웃음을 보내며 좋아했다. 무대에 올랐을 때 나도 몰랐던 에너지와 무의식 속에 있던 열정을 확인했던 순간이었다. 사실 어떤 일을 할 때 필요한 건 성격이 아니라 열정이다.

귀엽고 예쁜 윤이를 만난 건 윤이가 4살 때였다. 놀이에 목말라 있던 아이는 선생님을 잘 따랐고, 끝나는 시간을 늘 아쉬워했다. 약간의 고집스러움을 가지고 있었지만 순한 기질의 아이다. 선생님 앞에서 노래도 곧잘 부르고 흥이 나면 춤까지 춘다. 6살, 7살이 되면서 감성이 풍부해져 조금의 서운한 말에도 눈물을 찔끔거리고 토라지기도 한다. 초등학생이 된 윤이는 학교에서 조용하고 착한 아이다. 자기 물건을 친구가 가져가도 자기 것이라고 쉽게 말을 못 하고 친구가 부탁하면 거절도 못 한다. 엄마는 이런 아이가 걱정스럽다고 말한다.

내향적인 아이라고 걱정할 것은 없다. 초등학교 4학년이 되면서 한 명의 친구를 깊이 사귄다. 가끔 친구 이야기를 하고 웃기도 하며 마음속 이야기를 잘한다. 생각이 건강하고 마음이 예쁘다. 초등학생이 되면서 내향성이 확실하게 드러나는 아이에게 '조금 더 적극적으로'라는 말은 스트레스를 줄 뿐이다. 강요보다는 스스로 결정할 수 있도록 격려해 주어야 한다.

3~4세 아이들이 "내가 내가"하는 시기가 있다. 얼마 전까지 숟가락으로 밥을 받아먹던 아이가 뭐든지 혼자 하려고 한다. 어른들이 하는 건 모두 멋져 보여서 혼자 하기를 고집한다. 엄마는 이런 아이가 대견하기도 하지만 아이가 했을 때 귀찮은 일이 생길까 봐 기회를 주지 않을 때도 있다. 주스를 부어 마시려는 아이는 늘 엄마가 해주던 일에 자기가 해냈을 때의 기쁨을 맛보려고 한다. 분명 쏟아질 게 분명한 컵이 불안해 엄마는 도와주려고 한다. 성격 급한 엄마는 아예 아이가 잡은 병을 뺏어버리기도 한다. 쏟아지면 닦아야 하고 혹시라도 컵이 깨지기라도 하면 일은 두 배 세 배로 늘어난다. 스스로 해보려는 시도를 막는 엄마는 아이의 사고를 예방 차원에서 하는 일이라고 생각한다. 이런 일이 반복되면 아이의 독립심 발달을 막는 격이 되어 버린다. 스스로 하기를 즐기는 유아기에 실컷 혼자 할 수 있는 환경을 마련해 주어야 한다. 옷을 조금 비뚤어지게 입더라도, 신발을 거꾸로 신더라도 아이가 한대로 내버려 둔다. 딱 1년만 견디면 아이는 스스로 하는 재미와 해냈을 때의 성취감으로 독립

심과 더불어 자존감도 발달한다.

반대로 뭐든 엄마가 다 해주면 스스로 하려는 의지가 꺾여서 엄마 도움 없이는 아무것도 하지 않으려는 아이가 된다. 이 시기 독립심의 발달은 이후 자율성의 발달에도 큰 영향을 미친다. 어떤 일을 결정할 때 스스로 결정하고 뿌듯해하는 일은 성장하면서 자기 자신을 믿는 기본이다. 스스로 선택한 일을 해냈을 때의 성취감으로 자신에 대한 신뢰감이 생기고 무엇이든 해낼 수 있겠다는 자신감과 유능감을 느낀다. 다른 사람이 칭찬해 주지 않아도 나는 잘할 수 있고 잘하고 있다고 느끼는 유능감(有能感)은 새로운 일을 도전하는 용기를 준다. 유능감을 가진 아이는 친구와의 관계도 원만하다. 매사 자신감이 넘치고 다가서기를 두려워하지 않는다. 자율성, 유능감, 관계성이 좋은 것은 아이의 성격과 무관하다. 영유아기에 아이의 독립심을 얼마나 지지해 주는가에 달렸다.

딸을 예쁘게 키우고 싶어 어릴 때부터 옷을 선택해 준 엄마가 있다. 외출할 때는 특히 신경을 써서 아이가 입고 싶은 옷보다는 엄마가 보기 좋은 옷을 골라 준다. '내가'를 외치던 아이를 설득해서 엄마가 원하는 예쁜 옷을 입힌다. 엄마는 초등학생이 되어도 옷 하나 골라 입지 못하는 아이가 귀찮다. "엄마, 오늘은 무슨 옷 입어요?" 일상이 되어 버린 모녀의 대화이다.

민정이는 순한 기질의 아이지만 낯가림이 심하다. 엄마 없이 혼자 놀려 하지 않고 친구 사귀기도 힘들다. "하지 마!"라고 하는 일은 거의 하지 않는다. 놀이할 때도 자기 의견을 내놓기보다 선생님이 선택해 주기를 바란다. 게임에서 이겼을 때도 내게 미안하다며 어쩔 줄 몰라한다. 민정이에게 가장 어려운 일은 '선택하기'이다.

"소원이 이루어진다면 어떤 걸 빌고 싶니?"라는 질문에 답을 하기가 시험 문제 풀기보다 더 어렵다. 어릴 때부터 엄마가 하라는 대로만 했다. 옷을 골라 입는 일도, 밥 먹는 일도 모두 엄마의 손을 거쳐서다. 스스로 어떤 일을 해 본 적이 없이 초등학생이 되었다. 내향적인 성격에 불편한 일이 있어도 친구들에게 쉽게 말도 못 건다. 요즘도 학교 갈 때면 엄마한 테 옷을 골라 달라고 한다. 늦었지만 유아기 때로 돌아가서 다시 시작한다는 마음으로 스스로 할 수 있게 해야 한다. 교육을 받고 딸의 독립심과 선택 장애를 해결하기 위해 엄마가 "네가 골라 봐!"라는 말을 했을 때 아이의 표정은 설명할 수 없이 복잡하다.' 내가 뭘 잘못했나? 엄마가 왜 저러지?' 평소와 다른 엄마의 반응에 긴장한다. 엄마는 무턱대고 "이제 네가 혼자 해 봐!"가 아니라 아이가 이해할 수 있게 자세한 설명과 대화부터 해야 한다.

선택을 힘들어하던 민정이는 몇 달이 지나자 익숙해지기 시작한다. 아이가 하는 행동이 마음에 들지 않더라도 간섭하거나 핀잔을 주는 일을 꾹 참고 견딘 엄마다. 자기가 선택한 것이 마음에 들지 않거나 잘못됐다고 생각하는 것도 과정이다. 다음번에는 더 많이 생각해서 결정하고 행동한다. 게임에서 이겼을 때도 다른 사람의 눈치를 보느라 마음껏 기뻐하지 않던 아이가 감정을 표현하기 시작한다. 표현이 자유롭게 되니 친구에게 다가가기도 쉬워진다. 성격은 바꾸기 힘들지만, 자존감과 자기 효능감(自己效能感, 자신이 어떤 일을 성공적으로 수행할 수 있는 능력이 있다고 믿는 기대와 신념) 향상으로 당당하고 자신감 있는 아이가 된다.

내향성이 강한 혁이와 어릴 때부터 대화하는 습관을 들였다. 일과를 마치고 서로 특별했던 일을 나누고 감정을 공감하는 시간을 가졌다. 특별한 일이 없는 날에는 뉴스나 읽었던 책에 관한 이야기라도 했다. 그런 시간을 보낸 아동기 이후 혼자만의 시간을 즐기는 사춘기가 되어도 부모와 이야기를 나누는 것을 꺼려 하지 않고 고민이 있으면 가장 먼저 엄마와 상의했다. 집에서는 명랑하고 쾌활한 아이가 밖에서는 적극적이지도 않고 내향적인 아이임을 알았을 때 엄마를 닮았다고 인정했다. 나와는 좀 다른 외향성을 가졌으면 좋겠다는 바람은 욕심이었다. 내가 그랬던 것처럼 아이는 잘 크고 있다. 아이에 대한 욕심을 버리고, 있는 그대로의 아이를 바라보자 아이의 장점이 눈에 들어왔다.

책과 함께 생각하기

아이는 자신이 하고 싶은 건 하지 못하게 하면서 엄마, 아빠, 언니는 마음대로 하는 것이 너무 얄밉고 화가 납니다. 이제부터 내 마음대로 살 거라고 소리치면서 땅굴을 파고 들어간 아이. 하지만 아빠 장난은 누가 받아 주며, 엄마 커피에 설탕은 누가 넣어줄지 걱정부터 앞섰습니다. 아이의 땅속 여행은 그렇게 끝이 나고 "앞으로 한 번만 더 그러면 백만 년 동안 절대 말 안 할 거다!"라고 종알대며 아이는 가족의 품으로 돌아옵니다. '늘 가족은 함께'라는 사실을 주황색 털실로 깜찍하게 표현한 이 책을 통해 아이의 순수함과 가족에 대한 사랑을 생각해볼 수 있습니다.

– 허은미『백만년 동안 절대 말 안해』

💡 **생각 질문1**

내 아이의 장점은 무엇인가요?

💡 **생각 질문2**

아이의 장점을 칭찬해 준 적이 있나요?

3.
외향적인 아이
〈7~10세〉

예쁘고 공부도 잘하는데 성격까지 밝은 친구가 부럽다. 그 친구는 항상 많은 친구에게 둘러싸여 있고 인기도 많다. 유머 감각까지 있어서 그 아이를 싫어하는 사람은 별로 없다. 어디를 가나 성격이 밝고 활발한 사람은 인기가 많다. 마음속에 말을 담아 놓기보다는 시원시원하게 자기를 표현하는 친구는 멋있어 보이기까지 한다.

외향성 수치가 좋은 사람은 자극과 동기에 대한 반응성이 크고, 따라서 사교, 성공, 칭찬, 로맨스를 통해 열정적으로 흥분을 느끼려고 한다.

– 대니얼 네틀 『성격의 탄생』 중에서

외향성이 강한 아이들은 활력이 넘친다. 옆에 있는 사람의 기분을 좋게 만들어 주고 분위기를 이끌어 간다. 모험심과 호기심이 강하고 스릴 넘치는 일에 관심이 많다. 보통 '성격이 밝은 아이'라는 긍정적인 말을 듣는 아이들이다. 내향적인 아이와 달리 상대적으로 수줍음이 적다. 자신을 과감하게 표현하며 유머러스한 장면을 연출하기도 한다. 친구들이나 주변 사람에게 인기가 많다. 동작이 크고 에너지가 많아서 어릴 때는 자주 다치기도 하고 별나다는 소리도 듣는 아이들이다.

아이의 고등학교 졸업식장에서 전교 회장의 답사를 들었다. 준비한 종이를 두고 마이크를 손에 들고나오더니 이걸 보고 읽으면 따분하니 그냥 하고 싶은 말 몇 마디만 하고 내려가겠단다. 순간 시끌시끌하던 졸업식장이 그 학생이 무슨 말을 할지에 귀를 기울인다. 내용은 기억나지 않지만 분명 청중을 사로잡는 힘을 가진 태도였다.

"마지막으로 선생님은 저희에게 두 가지를 당부하셨지만 저는 한 가지만 당부하겠습니다. 여러분, 소주는 참이슬입니다!"라고 끝을 맺을 때 박수 소리와 함께 박장대소하는 부모들이 많다. 궁금해서 물어보니 그 학생은 1학년 때부터 사람들 앞에 나서기를 좋아하는 외향적인 성격의 아이라고 한다. 부모로서 공부와 상관없이 무엇을 해도 잘할 것 같다는 생각이 드는 아이다. 우리는 이렇게 밝은 성격, 외향성을 가진 아이들에게 긍정적인 눈빛을 보낸다. 그만큼 밝은 성격을 가진 사람을 좋아하는 사회의 관습이 아닐까 한다. 웃는 얼굴에 침 못 뱉는다는 말이 있다. 잘 웃는 사람을 보면 함께 웃고 싶다. 화를 내다가도 웃으며 애교를 부리는 아이를 보면 전에 있었던 일이 생각나지 않는다. 밝고 위트가 넘치는 아이의 부모도 밝은 에너지를 가지고 있을 것이라는 짐작이 간다.

    규석이는 유머가 넘치는 2학년 남자아이다. 배려심 많고 잘 웃어서 친구들 사이에서 인기가 많다. 함께 있으면 즐거워지는 아이다. 호탕하게 웃어 재끼는 아이를 보면 나도 덩달아 웃음이 난다. 상담이 끝나도 아이를 데리러 오지 않는 엄마에게 전화를 건다. 휴대폰에 저장되어 있는 '규석맘'이라는 글을 보고 "엇, 선생님 영어 좀 하시네요?" 무슨 말인지 몰라 "그게 무슨 말이야?"하고 물었더니 "영어를 좀 하니까 맘이라고 쓰죠. 음, 선생님은 영어를 좀 하는군. 역시 선생님은 영어를 잘했어."라며 비장한 표정을 짓는데 폭소가 터지고 만다. 규석이의 유머는 이런 식이다.

    수업 끝나고 다음 시간 아이가 일찍 왔다. 한 학년 위인 남자아이와 알고 지낸 사이처럼 게임을 한다. 알아서 자기소개를 하고 "형, 형"하며 애살스럽게 대화를 한다. 규석이 전화번호를 알려달라는 형에게 메모지를 건넨다. 겉으로 보기에는 모자람이 없어 보이는 아이다. 규석이를 걱정하는 엄마에게 주위 사람들은 "뭐가 문제냐?"며 복에 겨운 소리를 한다는 식으로 말한다. 누구든 외향성과 내향성을 모두 지니고 있다. 규석이는 심하게 소심하다. 하지만 자기의 소심함을 감추기 위해서 더 웃는다. 상처도 잘 받는다. 시력이 나쁘지 않지만 안경을 쓰고 싶어 엄마를 졸라서 샀다. 검은 뿔테 안경을 쓰고 처음 학교에 간 날, 우스워 보인다는 친구의 말에 그렇게 좋아하던 안경을 쳐다 보지도 않는다. 또 자기가 이기는 게임만 고른다. 나와 이겼던 게임은 질릴 때까지 반복한다. 이미 진 게임을 다시 하려면 여러 차례 밀고 당기기를 해야 한다. 외향적이지만 상대적으로 자존감이 낮은 아이다. 상처받을까 봐 웃기는 상황을 자주 만들고 심각해지는 걸 싫어한다. 규석이에게 있는 그대로의 감정을 표현하고 받아들이는 경험을 한다. 상처받았을 때 느낌이 어땠는지 이야기 나누고 회피와 다른, 정면 대응으로 표현한다. 마음속에 있던 진짜 감정을 표현하니 속이 후련해진다.

석현이는 낯가림이라고는 전혀 없는 아이다. 엘리베이터에서 처음 만난 사람과도 농담할 정도로 넉살이 좋다. 친구가 못생겼다고 놀리면 더 못생긴 표정을 하며 웃는다. 선생님이 보고 싶었다고 말하면 자기도 보고 싶었다며 와락 와서 안긴다. 미운 구석이 한 군데도 없는 아이는 친구들에게 인기가 많다.

명랑한 석현이는 마음이 여리다. 갈등이 일어나는 것을 가장 싫어하고 큰 소리 나는 것도 싫어한다. 누가 불쌍하게 굴면 자기가 가지고 있는 것을 줘 버린다. 엄마는 잘 챙기지 않는다고 잔소리하지만 사실은 나누고 싶은 마음 때문이다. 밝은 성격에 외향적으로 보이는 석현이는 평화를 사랑한다. 두 살 어린 동생은 강한 기질의 여자아이다. 매일 아침 짜증으로 엄마와 전쟁을 하고 오빠에게 시비를 건다. 같이 짜증을 내면 싸움이 일어나기 때문에 항상 먼저 참는 편이다. 엄마와 동생의 갈등을 보는 것도 힘들다. "엄마가 좀 참아요."라거나 동생을 데리고 가서 달래기도 한다. 겉으로 보이는 털털하고 밝은 이면에 스트레스가 많다. 억누르고 있으려니 힘들다. 동생과 갈등이 있을 때마다 손톱을 물어뜯는다. 지켜보는 마음이 힘들고 지친다. 어떤 날은 동생의 일탈 행동에 대한 불똥이 석현이한테까지 튀어 함께 야단을 맞을 때도 있다. 엄마도 석현이의 성향을 잘 알아 참아 보지만 쉽지 않다. 너무 센 동생과 엄마다. 순한 기질의 외향적이고 성격이 좋은 석현이도 스트레스를 많이 받는다. "성격 좋은 네가 참아." 석현이 가장 많이 듣는 이 말이 어쩌면 더 위험할지도 모른다.

내향적인 성격이지만 끓어 오르는 에너지를 느낄 때 가 있다. 신나는 음악이 나올 때면 음악에 몸을 맡기고 춤을 춘다. 가족들이 있을 때는 부끄럽고 혁이와 둘이 있을 때 우리는 노래방에 온 것처럼 논다. 어렸을 때부터 보여준 그런 엄마의 모습을 지금도 자연스럽게 생각한다. 사춘기가 되어서는 '엄마가 또 시작이군!' 하는 눈빛으로 바라봐 주고 지금은 흥을 맞춰준다. 역할이 바뀌어 재롱떠는 아이를 바라보는 눈빛으로 본다. 엄마의 행복 에너지는 아이에게 전달된다.

아이와 성격이 너무 달라서 갈등이 생긴다는 부모도 있다. 나와 다른 아이가 이해되지 않는다는 엄마의 이야기는 아이와 닮아있다. 엄마와 너무 비슷해서 갈등이 생긴다. 닮지 않았으면 하는 부분까지 닮은 아이가 안타까울 때도 있고 미울 때도 있다. 이미 내 아이다. 엄마의 성격도 아이의 성격도 바꾸기 어렵다. 웃는 아이를 보면 행복하듯이 엄마가 웃으면 아이도 행복해진다.

외향적인 아이들은 유치원이나 학교에서의 적응도 별 어려움이 없어 보인다. 성격이 밝으니 상처받는 일도 없으리라 생각하지만 아이들의 발달은 비슷하다. 내향적인 아이 못지않게 부모가 관심을 가지고 지켜보아야 하고 친구 관계도 중요하게 생각한다. 특히 승부욕도 강해서 친구들과 종종 충돌이 일어나기도 한다. 아이의 성격이 외향적이냐, 내향적이냐는 별로 중요하지 않은 문제다. 반복해서 말하지만 있는 그대로의 아이를 인정해 주는 것이 중요하다. 성격은 살아가면서 선택에 영향을 미치는 부분적인 요인에 불과하다. 한쪽의 성격을 원한다고 바꿀 수 있는 것도 아니다. 필요하다면 세상을 살아가면서 스스로 느끼고 깨달으며 자기를 적응시켜 나간다. 그때 지그시 바라봐주고 응원해 주면 된다.

책과 함께 생각하기

학교 울타리 사이로 꽃밭을 들여다 본 오소리 아주머니는 자기도 예쁜 꽃밭을 만들고 싶습니다. 하지만 이곳저곳에 꽃 심을 곳을 찾던 아주머니는 크게 웃고 맙니다. 평소에는 무심히 지나쳐서 몰랐지만 집 주변이 온통 아름다운 들꽃들로 어우러진 예쁜 꽃밭이었다는 것을 깨달았기 때문입니다. 겨울에 피는 눈꽃들까지. 오소리 아주머니는 비로소 자기 주변의 작은 것에 아름다움을 알게 됩니다.

– 권정생『오소리네 집 꽃밭』

💡생각 질문1

내 아이가 존재한다는 것만으로도 감사하다고 생각해 본 적 있나요?

💡생각 질문2

태어나줘서 고맙다는 말을 해 본 적이 있나요?

4.
승부욕 강한 아이
〈8~10세〉

우연히 보드게임이라는 교육 도구를 접하게 되었다. 강의 때문에 알게 된 보드게임은 재미와 즐거움으로 내면 아이의 놀고 싶은 욕구에 대한 보상을 준다. 게임을 하고 있으면 유년 시절을 기억나게 해 행복하다. 어릴 적 아버지와 형제들과 함께했던 장기는 추억이며 그리움이다. 보드게임의 매력에 빠지며 게임 놀이 치료라는 학문을 접하고 자격증까지 땄다. 그 과정에서 내가 승부욕이 강하다는 걸 알게 되었다. 마음을 잘 표현하지 않는 편이라 감춰진 내 모습이다. 상대방과 게임에서 지게 되면 욱하고 올라오는 약 오름으로 이길 때까지 반복하는 근성이 있다. 지게 되면 다음에 이길 방법을 끝까지 혼자 생각한다.

보통 사람들은 지는 게임을 반복하기 싫어한다. 아이들도 마찬가지다. 처음 접한 게임에서 지게 되면 다음 게임에서는 절대로 선택하지 않는다. 누구나 지고 싶지 않다. 지게 되었을 때 반응하는 태도를 보면 아이의 자존감 수치도 예측할 수 있다. 도전을 반복하는 아이들은 내면이 강한 경우가 많다. 놀이를 통한 아이의 반응을 관찰하고 기록하며 연구하는 일은 흥미롭고 가치 있는 일이다. 평범하지 않은 반응은 새로운 과제를 던져주고 나를 가르친다.

> 일년간의 대화보다 한 시간의 놀이로 한 사람에 대해 더 많은 것을 알 수 있다.
>
> – 플라토(Plato)

태환이는 평소에는 친구와 별문제 없이 지내다가도 운동경기나 게임을 하기만 하면 싸운다. 이기는 것만이 만족감을 주고 경기를 할 때는 친구를 배려하지 않는다. 이기는 것에만 목적을 두기 때문에 몸싸움이 다반사이고 끝은 항상 신경질과 말다툼이다. 보드게임을 할 때도 지게 되면 내용물을 던지거나 조그만 꼬투리를 잡아서 지게 된 것을 항변한다. 여러 번 경험한 친구들은 태환이와 게임하기를 꺼린다. 아이의 과거를 들여다보았다. 엄마가 원하는 걸 하며 자란 아이다. 엄마가 바라는 아이를 만들기 위해 무의식중에 강요한 일이 많다. 놀이 안에서만큼은 엄마의 간섭 없이 스스로 선택할 수 있고 내가 움직여서 이루어낸 결과에 성취감을 맛보고 싶다. 지게 됨으로써 욕구가 채워지지 않아 분노로 표출

한다. 아이는 공감하는 경험으로 친구의 마음을 이해하고 분노로 나오는 자신의 행동을 들여다보는 시간을 가졌다. 분노를 조절하니 지게 된 이유를 분석하고 다시 도전을 외치기도 한다. 승부욕 있는 아이들은 다소 과격하기도 하다. 자존감이 높은 것처럼 보이지만 그렇지 않은 경우가 대부분이다. 승부욕이 나쁜 것은 아니지만 결과에 너무 집착하지 않도록 도와주는 것이 좋다. 부모와 함께 상호작용을 하며 과정을 즐기고 놀이 자체에 재미를 느끼도록 해야 한다. 이런 경험은 아이가 사회생활을 시작하는 유치원이나 학교에서 그대로 나타난다. 부모와 많이 놀아본 아이는 친구들과 공감하고 소통하는 아이, 인기 있는 아이가 된다.

몇 년 전에 돌아가신 아버지는 무뚝뚝한 경상도 남자셨다. 아버지가 없는 세상에 살아보니 우리 집에서 무뚝뚝함의 대명사였던 그 자리가 사무치게 그립다. 무릎과 종아리 위에 어린 나를 올려놓고 비행기를 태워주고 초등 고학년이 될 때까지 손톱을 깎아 주곤 하셨다. 무뚝뚝하지만 깊은 사랑을 행동으로 표현했던 아버지다. 가을 추수 때 우리 네 명의 형제에게 누가 볏단을 많이 옮기는지 게임을 해서 농사일을 지루하지 않게 즐기면서 할 수 있게 하셨다. 넓은 논에 흐트러져 있던 그 많던 볏단은 어느샌가 작은 산이 되었고 어린아이들의 놀이터가 되었다. 가장 높은 볏단을 만든 사람은 경운기를 타고 가는 특권을 누릴 수 있었다. 승부욕을 이용한 아버지의 놀이는 지금도 나에게 아이들을 만날 때 재미있는 힌트가 된다.

가정에서 아버지 자리는 참으로 중요하다. 아이들에게 아버지는 버팀목이요 나를 지지해주는 큰 산과 같은 존재이다. 아이의 과한 승부욕을 걱정하는 엄마의 가장 적합한 해결사이기도 하다. 엄마와 티격태격 싸우며 게임을 하다가 아빠와 한번 하게 되면 승부를 우기던 아이들도 자연스럽게 받아들인다. 혹시 아빠가 지게 되면 그렇게 통쾌해할 수 없다. 무너지는 아빠의 모습을 보며 권위를 눌렀다는 성취감에 흠뻑 빠진다.

혁이와 텀블링몽키라는 게임을 했다. 야자나무에 걸려 있는 원숭이가 많이 떨어지면 지는 게임이다. 막대를 빼면 걸려있던 원숭이가 아래로 떨어진다. 아빠한테 야단을 맞고 삐쳐있던 아이다. 아빠가 뺀 막대에서 떨어지는 원숭이를 보고 환호성을 질러댄다. 몇 분 안에 아빠와 깔깔거리며 기분을 푼다. 아빠가 기를 쓰고 게임에서 이기려고 한다면 분위기는 더 어색해진다. 아이와의 게임에서 승부 근성을 발휘하는 건 현명하지 못하다. 대부분 아빠는 "세상이 얼마나 험한데, 질 수도 있다는 걸 보여줘야 해."라며 사사건건 이기려고 한다. 세상이 그러니 집 안에서 만이라도 이기는 경험을 하여 자신감을 북돋아 주어야 한다.

승부욕이 너무 강해도 문제지만 아예 이겨보려고 하지 않는 아이도 문제다. 좌절의 경험이 많은 아이는 도전하지 않는다. 유아기와 아동기의 아이들은 승부욕이 생길 수 있도록 배려하는 것이 좋다. 건강한 승부욕은 아이의 내적 힘을 올려주는 좋은 도구다.

시환이는 자기가 못한다고 생각하는 것은 처음부터 시도조차 하지 않는다. 친구와 승부를 겨루는 경우에는 안절부절 손만 바라보고 있다. 게임을 좋아하지만 승부는 싫다고 한다. 모든 게임을 협동게임으로 하고 싶다. 내가 지는 게 싫고 친구를 이기는 것도 싫다. 평화를 사랑하는 내면에는 지는 것에 대한 두려움이 있다. 지는 경험으로 나약한 모습을 들키는 게 싫다. 시환이의 마음을 조금 더 들여다보니 강한 승부욕이 있다. 어떻게 해서든지 이기고 싶다. 이기고 싶은 마음이 너무 강해지게 되면 실망하는 마음이 더 크게 와닿는다. 졌을 때 실망스럽고 화가 나는 마음이 두려워 승부가 있는 게임을 피한다. 힘을 합해 문제를 해결하는 게임은 친구와 한편이 되어 나약한 자신을 감추기에 좋다. 친구의 힘을 빌려 승리하게 되면 그것은 내 힘이 되고 지게 되더라도 덜 상처받는다. 지는 것을 싫어하는 아이의 마음을 공감해 주는 일은 한 번 더 도전해 보려는 시도를 할 수 있게 한다. 즐거운 실패가 경험이 되어 감정을 조절하고 다시 도전할 힘을 만든다.

　승부를 싫어하는 아이는 자존감이 낮다. 이기는 것도 별로 좋아하지 않는다. 지게 되면 눈물을 훔치거나 심하게 짜증을 내는 경우도 있다. 게임을 한다. 초반부터 승점을 많이 받아 이길 것 같다. 미소를 지으며 게임을 하다가 후반부터 오르지 않는 점수에 신경이 곤두선다. 불안은 현실이 되고 눈물바다가 된다. 울어서 창피한 것보다 지게 된 것이 더 힘들다. 다음 기회에 이길 수 있다고 말해도 이미 귀에 들어오지 않는다. 지금이 가장 중요하고 다음번의 승리는 중요하지 않다. 게임에서 이기지 못할까 봐 신경을 곤두세운다.

학습에서도 비슷한 모습이다. 정답을 맞추지 못할까 봐 불안하다. 자신에 대한 신뢰감이 약하다. 발달 심리학자 에릭슨은 신뢰감 형성을 가장 첫 번째 발달과업으로 보았다. 신뢰감의 형성은 대인관계에 영향을 미치기도 하지만 그다음 단계의 자율성에도 연관이 있다. 불안정한 신뢰감 형성과 더불어 자율성이 발달하는 시기에 불필요한 간섭이나 규제를 받게 되면 자신감 발달에 문제가 생긴다. 이런 아이는 억지라도 이기는 경험을 하여 성취감을 맛보게 해주는 것이 도움이 된다. 그래도 일부러 져줄 수는 없지 않냐고 한다면 아니다. 이기는 경험을 통해 기분 좋은 에너지를 주고, 지게 되었을 때 감정을 어떻게 처리하는지 모델을 보여주어야 한다. 한 두 번의 경험으로 쉽게 변화되지 않는 경우다. 지게 되었을 때 속상한 감정을 표현하게 하고 다시 도전할 수 있도록 격려를 해야 한다.

게임에서뿐만 아니라 일상생활에서도 아이에게 격려하는 것이 중요하다. 잘하는 것을 칭찬해 주고 너무 과한 칭찬보다는 과정을 격려해준다. 과한 칭찬을 많이 받고 자란 아이가 결과를 중요하게 생각한다. 과정을 무시하고 1등만 칭찬받을 수 있는 것이라고 오해를 한다. 올림픽에서 금메달을 딴 선수의 노력과 땀 흘린 과정이 더 중요하듯이 아이가 노력하는 모습에서 칭찬할 거리를 찾는 것이 좋다. 이렇게 과정을 즐기게 되면 학습도 게임처럼 즐겁게 할 수 있다.

화장실이 연구소와 오십 미터 정도 떨어져 있어 아이와 함께 간다. 수업 중에 갔다 와야 할 경우는 재촉해야 하는 목적이 있다. "선생님이랑 누가 빨리 가는지 시합이에요. 준비, 땅!" 말이 떨어지기 무섭게 달려가는 아이의 표정은 즐거움 그 자체다. 선생님한테 이겼다는 기쁨과 달린다는 즐거움이 더해져서 기분이 더 좋아진다. 승부가 있는 게임은 긴장하게도 만들고 설레게도 한다.

어릴 적 청군 백군으로 나누어서 했던 운동회는 설렘 그 자체였다. 내가 속한 팀이 이기면 직접 달리지 않아도 기뻤고, 지면 혼자가 아니라는 것이 위로가 되어 이긴 팀을 흔쾌히 축하해 주었다. 승부는 언제나 기분좋은 게임이다. 이겨도 져도 승부를 깨끗이 인정해 진 자에게 격려를, 이긴 자에게 축하를 해 줄 수 있는 넓은 마음을 갖도록 한다. 과정의 즐거움을 느낄 수 있도록 아이가 잘하는 것, 사소한 것 하나라도 격려를 아끼지 말아야 한다.

책과 함께 생각하기

『싸움에 대한 위대한 책』을 통해 얻게 되는 것은 결국 왜 '싸움'인가에 대한 명쾌한 해답입니다. 어른들의 스포츠, 즉 '재미로 하는 싸움'이나, 한 사람 대 여러 사람의 '비겁한 싸움' 등은 진정한 싸움이 아닙니다. 아이들이 열거하는 진정한 싸움의 요건 속에는 건강한 방식의 성장을 말하기 위한 다양한 요소가 들어 있습니다.

예닐곱 살의 남자아이로 보이는 책 속의 화자는 시종일관 진지하게 자신의 주장을 펼치다가도 중요한 국면에서 삐끗하고 마는 귀여운 모습을 보여 줍니다. 공정하지 않은 싸움의 허구나 앞뒤가 맞지 않는 어른들의 잔소리에 대해 지적할 때면 말썽꾸러기답지 않은 날카로운 일면을 보여 주기도 합니다.

— 다비드 칼리 『싸움에 관한 위대한 책』

💡 생각 질문1

게임에서 지게 된 아이에게 어떤 말을 해 주나요?

💡 생각 질문2

정정당당 해야함을 무조건 가르쳐야 할까요?

5.
급한 아이
〈0~6세〉

　엘리베이터를 타면 문이 닫히기 전에 닫힘 버튼부터 누른다. 오랫동안 시간에 맞춘 삶을 살다 보니 나도 모르게 습관처럼 하는 행동이다. 노란불이 들어오면 변속기는 드라이버에, 발은 엑셀레이터 밟을 준비를 하고 있다. 약속 시간에 딱 맞춰 움직이는 습관 때문에 늘 급하게 움직인다. 오랜만에 만난 친구와 밥을 먹으러 간다. 시간이 잘 맞지 않아 짬을 내어 만난 친구는 마주 앉아 있는 것만으로도 반갑다. 서로의 일상을 주고 받으며 쉴새 없이 시계를 보고 휴대폰을 확인한다. 메일이 왔는지 체크하고 눈은 친구를 보고 있지만 내 마음처럼 손도 다른 곳에 가 있다. 친구가 바쁘냐고 물어본다. 만남을 위해 시간을 확보해 두었지만 급하게 사는 내 모습을 들키고 만다. 같은 공간에서 같은 시간을 쓰며 사는 친구의 모습은 정반대다. 시계도 휴대폰도 보지 않고 지금의 시간에 집중하고 있다. 누가 봐도 느긋하고 여유 있다. 친구와 만나는 시간조차 불안해하고 조급해하는 내 마음을 들여다본다. '아, 이게 아닌데 뭐가 잘못된 거지?' 생각하며 하루를 돌아본다. 늘 아슬아슬하게 사는 모습에 불안이 함께 살고 있고 쫄깃거리는 심장이 안쓰러울 정도이다. 친구가 명상을 추천해 준다. 그때부터 내 생활은 조금씩 달라진다. 안절부절, 허둥지둥, 콩닥콩닥은 나를 행복하게 하지 못하고 있다. 기다리는 것을 싫어해 가족들에게 버럭 했던 과거가 미안하다. 심장이 쿵쾅거릴 때마다 호흡을 가다듬고 지금 여기를 바라본다. 서두르거나 그렇지 않거나 결과는 똑같다. 상담사로 살면서 변한 일상이다.

급한 성격이 성장으로 이끈 공신이기도 하다. 결정이 빨라서 어떤 일을 할 때 추진력이 강하다. 할까 말까를 고민하지 않고 이거다 싶은 건 행동으로 실천한다. 호기심이 많아 배우기를 좋아한다. 욕망에 솔직해서 하고 싶은 건 못 참는다. 급한 아이와 느긋한 아이가 내 안에 함께 살고 있다. 나를 완전히 바꿀 수는 없다. 지금 나는 행복하다. 필요할 때마다 이 두 아이가 나와서 삶을 도와주고 있다. 둘은 친한 친구이자 없어서는 안 될 동무이다.

놀이하는 아이를 보면 성격이 보인다. 숟가락으로 왼쪽에서 오른쪽으로 옮기는 콩놀이가 있다. 몇 숟가락 옮기다 그릇째 부어버리는 아이는 한 개부터 열 개까지 인내해야 끝나는 작업을 어려워한다. 섬세함이 필요한 작업을 싫어하고 실수도 자주 한다. 처음부터 천천히 하는 모습을 보여주면 아이도 따라 한다. 급하게 서두르는 행동은 훈련하면 바뀔 수 있다. 완벽한 바꿈은 힘들다. 하지만 어릴 때부터 조금씩 바꿔 나가면 도움이 된다. 성격이 급한 아이들은 부모와 닮았다. 아이 앞에서는 하나부터 열까지 답답하다 할 정도로 순서를 보여 주어야 한다. 옷 입기를 혼자 하고 싶어 하는 아이가 있다. 옷걸이에 있는 바지를 가지고 오는 것부터 입는 순서까지 천천히 보여준다. 마치 운동경기에서 선수들의 동작을 느린 동작으로 판독하는 비디오처럼 보여주면 된다. 혼자서 하려는 유아기에 이런 방법으로 알려주면 급한 아이도 처음 배운 것을 인지하여 성향을 조금씩 바꿔 나갈 수 있다. 아이들은 스스로 하기를 좋아한다. 엄마가 따라 주는 주스를 다시 붓고 자기가 하겠다고 우긴다. 엄마는 백발백중 쏟아질 게 뻔하다고 생각하며 못하게 한다. 이어서 바닥에 쏟아진 주스를 닦고 있는 자신을 생각하며 아이의 요구를 들어주지 않는다. 그런 마음을 접고 주스 병을 잡고 온 신경을 집중해 따르는 모습을 보여준다. 엄마의 모습은 아이의 뇌에 각인 되어 똑같이 모방하고 싶어지도록 한다. 병을 잡고 있는 아이를 보면 얼마나 집중해서 작업을 수행하고 있는지 알 수 있다. 혹시라도 흘리거나 쏟았을 때는 "흘려도 괜찮아, 닦으면 돼."를 말하고 실수를 했을 때 대처하는 방법까지 알려주면 당황하지 않는다. 반복하다 보면 서두르다 실수하는 일은 줄어들고 독립심과 스스로 해냈을 때의 성취감으로 자존감까지 올라간다.

은성이는 성격이 급한 4살 여자아이다. 처음 나를 만났을 때 놀이 방법을 안내해 주는 순서를 기다리지 못하고 내 손에 있는 놀잇감을 뺏어간다. "은성아, 선생님이 끝까지 보여줄 때까지 기다려 줄 수 있겠니?"라고 하면 대답은 "네" 하면서 손은 벌써 놀잇감을 자기 앞으로 가지고 가고 있다. 은성이가 가장 싫어하는 놀이는 퍼즐 맞추기다. 성격이 급하니 천천히 모양을 보며 맞추는 퍼즐은 짜증과 화를 불러일으킨다. 몇 번 맞추다 안되면 동작이 거칠어지고 "이거 안돼, 싫어."라며 퍼즐 판을 밀어버린다. 천천히 할 수 있게 다시 한번 동작을 보여주는 방법으로 반복한다. 성공하는 경험을 몇 번 하더니 혼자서 척척 맞춘다. 엄마가 놀란다. 아이가 짜증 내면 그 뒷일을 감당하기 귀찮아 엄마가 해버리거나 다른 놀잇감으로 관심을 바꿨던 과거가 있다. 급하게 서둘러서 안 되는 일은 천천히 느긋하게 하면 된다. 느긋하게 하는 걸 못 참는 아이에게 방법을 알려주면 따라 한다. 빨리 문제를 해결하려던 아이도 천천히 했을 때 성공한 경험이 즐거워 반복한다. 반복하게 되면 동작이 익숙해져 원하는 '빨리'도 가능해진다.

세 살 버릇이 여든까지 간다는 속담이 있다. 요즘은 세 살 버릇 백세까지간다로 바꿔야 할 것 같다. 한번 익숙해진 습관은 오래도록 몸에 붙어 야무진 아이를 만든다. 아이는 진짜를 좋아한다. 깰까 봐 위험할까 봐주는 플라스틱 컵과 장난감 칼로는 일상을 연습할 수 없다. 엄마가 쓰는 예쁘고 투명한 유리컵이나 커피잔을 사용했을 때 '나도 엄마처럼 할 수 있어!' 하는 자신감을 느낀다. 위험하다고 주지 않거나 못하게 하면 자기의 욕구를 채우려고 엄마가 없을 때 할 수 있다. 그러면 더 위험한 일이 발생할 수 있다. 한참 호기심이 많은 아이에게 칼을 사용하는 방법, 가위를 사용하는 방법을 천천히 가르쳐 주면 더없이 좋은 놀이가 된다. 처음 가위 사용법을 가르쳐 준 아이들의 표정을 잊을 수 없다. 엄지손가락을 작은 구멍에 넣고 검지와 중지를 큰 구멍에 넣는다. 폭이 1센티미터 되는 종이를 왼손으로 잡고 오른손으로 잡은 가위로 종이를 싹둑 자른다. 동공이 커지면서 말로 표현할 수 없는 희열을 본다. 장난감 가위로 잘리지 않던 종이를 억지로 뜯기만 했던 경우와는 하늘과 땅 차이다. 싹둑 하고 잘리는 종이 느낌을 사랑한다. 자리에 앉아서 꼼짝도 하지 않고 한 시간을 반복한다. 급한 아이는 종이를 준비하기도 전에 가위부터 눌러댄다. 앞에서 말한 것처럼 다시 천천히 보여주면 된다. "엄마가 끝까지 보여줄 때까지 기다려 줄 수 있겠니?"라고 하면 대부분 아이들은 눈을 반짝이며 "네!"라고 대답한다. 이때 급한 아이가 또 자기 가위를 사용하려고 할 때 기다려달라는 말을 한다. 이런 활동으로 인내심을 배울 수 있다. "가위는 위험하니까 조심해서 써야 해."를 알려 준다. 혹시 손이라도 베일까 봐 안절부절못하는 엄마의 마음과는 달리 금세 배운다. 아이는 자기에게 위험한 일은 본능적으로 잘 하지 않는다.

급한 아이들은 소근육 발달이 늦다. 일상에서 천천히 하는 방법을 알려주고 반복해서 놀이를 즐기게 해 준다. 특히 퍼즐 맞추기를 싫어하는 건 빨리 맞추고 싶은데 마음과 달리 잘 안 되기 때문이다. 엄지, 검지, 중지의 세 손가락 사용은 '제2의 뇌'라고 할 정도로 중요하다. 아이의 뇌 발달을 돕는 세 손가락을 영유아기 때부터 많이 사용할 수 있도록 해야 한다. 작업을 빨리 수행하고 싶은 아이는 세 손가락을 사용하기보다 다섯 손가락을 모두 사용한다. 손가락으로 귤 옮기기, 호두 옮기기, 콩 옮기기, 쌀 주워 담기 등과 같이 큰 사물에서 작은 것으로 발달을 생각하며 제공해 주면 도움이 된다. 손가락 사용을 잘하면 집게로, 그다음엔 젓가락 순으로 세 손가락이 섬세하게 발달할 수 있도록 도와준다.

말 떨어지기 무섭게 저만치 가고 있는 우진이는 항상 몸이 먼저다. 빌딩 쌓기 놀이에서 높은 층까지 제대로 쌓은 적이 없다. 손과 마음이 따로다. 쌓고 싶은데 자꾸 무너지는 블록이 야속하기만 하다. 심호흡 한번 하고 쌓아보도록 하면 그나마 몇 층은 더 쌓는다. 실수도 잦다. 식탁에서 물을 자주 쏟고 수저를 자주 떨어뜨린다. 주의하지 않아 벌어지는 실수로 엄마의 잔소리는 단골 메뉴다. 대한민국에서 '빨리빨리'는 애 어른 할 것 없이 익숙한 단어이다. 엄마의 눈에 믿음직스럽지 못한 아이다.

초등학생이 된 아이도 늦지 않다. 위의 방법을 지금부터라도 적용하면 된다. 끝까지 아이를 믿어주고 기다려 준다. 하나를 해냈을 때 격려해 준다. 실수했을 때 야단치기보다 스스로 해결할 수 있도록 도와준다. 성격이 급해서 생기는 문제들을 하나씩 짚어가며 그것 때문에 불편해지는 삶이 되지 않도록 도와주면 된다. 수저를 자주 떨어뜨리면 줍게 하고 물을 자주 쏟지 않는 방법을 보여 준다. 기다리지 못하면 차분한 마음을 가질 수 있도록 숫자를 세거나 심호흡을 한다. 급한 성격도 분명 도움이 된다. 가령 답답한 것을 참지 못해 단체 생활 등에서는 솔선수범한다. 또 수긍을 잘하고 긍정적이다. 머리 회전이 빨라 문제해결이 빠르고 인기도 많다. 긴장하기 보다는 행동으로 먼저 실천한다. 급한 성격이 부자가 될 확률이 높다는 책도 있을 만큼 현대를 사는 아이들에겐 단점이라고 볼 수는 없다.

야단을 많이 맞고 자란 아이들은 자존감이 낮고 주눅이 든다. '나는 할 수 있어, 문제없어, 잘 해낼 거야'라는 생각을 하고 유능감이 강한 아이가 되는 것은 부모의 영향이 크다.

대나무는 땅속에서 4~5년 뿌리내리는 작업을 하다가 5년째부터는 폭풍 성장을 한다. 대나무를 심어놓고 크지 않는 나무가 답답하다고 생각하지만 성장하기 위한 준비를 하는 것이다. 싹이 나고 키가 크기 시작하면서 뿌리가 자양분이 되어 엄청난 속도로 자라기 시작한다. 아이도 대나무와 같다. 눈에 보이지 않지만 영양분을 많이 주면 언젠가 놀랄 정도로 성장한 아이를 볼 수 있다.

책과 함께 생각하기

주인공 하워드는 앞만 보고 달려가는 우리들의 모습이 아닐까요. 남보다 더 빨리 더 성공하기 위해 마음의 여유를 잊고 사는 우리의 모습 같아요. 이 책은 천천히 마음의 여유를 가지고 세상을 바라보며 삶을 되돌아 볼 때 더 많은 행복을 느낄 수 있다는 느림의 아름다움에 대해 일깨워 줍니다.

"그런데요, 느릿느릿한 게 뭐가 좋아요?" "꼬마 치타씨, 따라와 보렴. 곧 알게 될 테니까." 퀸스 아저씨는 미소를 지으며 대답했습니다.(중략) 아침이 밝았습니다. 둘은 함께 떠오르는 해를 바라보았습니다. 하워드는 하늘은 파랗고 해는 붉다고만 알고 있었습니다. 그러나 퀸스 아저씨와 함께 하늘을 바라보면서 새로운 것을 깨달았습니다. 파란 하늘과 붉은 해 사이에는 수많은 빛깔이 있다는 걸 말이에요.

– 에릭 브룩스 『느려도 괜찮아』 중에서

💡 생각 질문1

아이에게 재촉하는 일상을 살고 있나요?

💡 생각 질문2

급한 아이를 바꿀 수 있을까요?

6
느긋한 아이
⟨6~9세⟩

유치원 버스가 집 앞에서 빵빵거린다. 마음이 급한 건 엄마다. 현이는 아직 양말도 신지 않고 느긋하다. 결국 양말을 챙기고 아이를 몰아세운다. 아침부터 눈물을 쏙 빼고 유치원 차에 허겁지겁 올라탄다. 매일 아침 겪는 전쟁 같은 일상이다. 엄마 눈에는 꾸물거리게만 보이는 아이를 오늘은 꼭 제시간에 나가리라 다짐하고 재촉한다. 답답한 건 엄마뿐이다. 참다가 버럭 한소리 하면 "나도 최선을 다하고 있다고요!" 그 말에 어이가 없고 웃음마저 나온다. 학교에 가도 마찬가지다. 선생님이 등교하라고 하는 시간이 가까워졌는데도 도무지 집을 나서지 않는 아이를 보는 건 엄마의 고통이다. 느림보 거북이 같은 아이에게 아침마다 잔소리 해대지만 고쳐지지 않는 습관이다.

아이들의 시간은 어른보다 늦게 간다. 어릴 때 그렇게 가지 않던 시간이 나이 들어서 어느새 서른이 되고 마흔이 되는 나를 깨달을 때 문득 놀라게 된다. 어른들이 세월은 흐르는 강물과도 같다고 하는 말은 아이에게 적용되지 않는다.

느긋한 아이는 낙천적이다. 바쁠 게 하나도 없는 아이는 늘 뛰어다니는 엄마를 걱정한다. 엄마는 아이가 걱정되고 아이는 엄마가 걱정이다. 등교 시간이 다 되었는데도 느긋하다. 시간을 알아서 계산하고 있으니 신경 쓰지 말라고 한다. 서두르는 엄마나 느긋한 아이나 원하는 건 똑같다. 지각하지 않는 것이다. 초등 저학년 때 조금이라도 더 먹고 가라며 밥을 떠먹여 주던 할머니를 제지하고 혁이가 시간을 계산해서 쓰도록 했다. 안타까운 마음에 스스로 해야 할 일을 도와주게 되면 의존성만 높아지게 될 뿐이다. 처음엔 시간을 잊지 않도록 주의를 주다가 그만뒀다. 꾸물대다가 지각을 하고 선생님께 야단을 맞은 후부터는 알아서 챙긴다. 일상생활에는 질서가 있다.

아이의 일상에도 스스로 생각하는 질서가 있다. 세수하고 밥 먹기, 볼일 보고 양치하기, 옷 입기다. 바쁠 땐 순서를 조금 바꾸어도 될 텐데 꼭 자기 습관을 고집한다. 잔소리는 갈등만 키울 뿐이다. 엄마한테 해달라고 하지 않는 이상 아이를 지켜보고 기다려 준다. 느긋하게 준비해도 지각하지 않는 아이에게 칭찬해 주고 스스로 잘하고 있는 아이를 격려해 준다. 엄마 눈에 늑장으로 보이는 행동도 아이 입장에서 보면 이유가 있다. 매일 늦는 아이라면 일어나는 시간을 조정해서 준비하는 시간을 길게 준다. 여자아이는 옷 입는 문제로 실랑이 하는 경우가 있다. 겨울인데 계절에 맞지 않는 옷을 입고 간다고 고집을 부리거나 엄마가 골라준 신발보다 자기가 원하는 걸 신으려 한다. 직접 경험해 보는 것이 가장 좋다. 추운 날 얇게 입고 가서 춥다는 걸 느끼고 불편한 신발을 신고 가서 발이 아프다는 경험을 한 후 엄마의 잔소리가 필요 없게 된다.

느긋한 아이는 긍정적이다. 가르쳐 주지 않아도 일어난 일에 대해서 긍정적으로 생각하고 남을 잘 비방하지도 않는다. 긍정적인 사람 옆에는 사람들이 많다. 친구들에게 인기가 많고 배려도 잘 한다. 생각을 깊이하고 실수를 했을 때 빨리 인정하고 수정한다.

시간의 흐름을 이해할 수 있는 나이는 6~7세 정도이다. 엄마 뱃속에서부터 한 살 두 살 나이를 먹고 지금의 내가 있게 된다는 개념을 이해하는 건 쉽지 않다. 과거와 현재, 미래를 알아야 하고 시간의 개념도 이해해야 한다. 유치원에서 생일 파티를 할 때 성장 앨범을 만들어 오라는 과제가 있다. 이때 엄마 혼자 꾸미지 말고 아이와 함께 해보자. 그러다 보면 엄마는 아이가 생겼을 때 얼마나 행복했는지를 이야기하게 되고 아이는 옛날이야기를 듣는 것처럼 눈을 반짝이며 듣고 있다. 어렸을 때 사진을 보며 자기가 어떻게 자랐는지 이해하고 시간이 흐른다는 것을 어렴풋이 알 수 있다. 만약 지금 6살이라면 종이를 기다랗게 띠처럼 만들어 0살부터 6살까지의 칸을 만들어 사진을 한 장 씩 붙인다. 7살이 될 내년의 칸도 만들어 둔다. 태어난 해가 몇 년도인지 지금은 언제인지 내년은 또 몇 년도가 되는지를 이야기하며 시간이 흘러간다는 것을 이해한다. 유아에게 시간은 이해하기 어려운 것이므로 활동을 하면서 공부를 시키려 하면 안 된다. 한 번에 이해할 수 있는 주제가 아니다. 큰 테두리를 알고 작은 것부터 알려 준다. 모래시계와 전자시계를 준비하고 떨어지는 모래시계가 우리가 보는 시계로 얼마인지를 확인한다. 시간 개념을 처음 접하는 아이는 1분 모래시계가 적당하다. 1분 동안 할 수 있는 일도 알아보고 1분보다 작은 시간 개념에 '초'가 있다는 것도 안다. 1분 만에 손바닥 그리기, 블록 넘어뜨리지 않게 쌓기 등과 같은 놀이로 재미있게 경험해 본다. 시간을 놀이로 익숙해지게 한 다음 실생활에 적용하면 된다.

'1분 안에 손바닥 그리기' 활동을 해 보면 아이의 성향이 보인다. 1분이 끝났을 때 색칠까지 하면 내가 이긴 것이고 그렇지 않으면 시간이 이긴 것이라고 이야기한다. 급한 아이는 이기기 위해서 1분 안에 손바닥을 그리고 색칠도 얼기설기 대충한다. 느긋한 아이는 시간과 자기는 전혀 상관없는 것처럼 원하는 그림을 그리고 있다. 여기에 꼼꼼함까지 더한 아이는 손톱도 색칠하고 무지갯빛으로 꾸며준다. 시간에 개의치 않는 아이에게 손바닥을 그려야 하지만 더 중요한 건 시간 안에 작업을 끝내야 한다고 게임의 목적을 환기한다. 해야 할 과제가 있는데 느긋한 아이는 과제를 하는 동안 텔레비전도 보고 동생이 놀고 있는 곳에 참여하기도 한다. 과제는 뒷전이고 자기가 하고 싶은 것부터 하기도 한다. 엄마가 주의를 줘도 이제 할거라는 말만 돌아올 뿐 행동으로 옮기지 않는다. 이럴 때 시간 게임을 적용하면 효과적이다. 30분 안에 과제를 끝내면 내가 이기고 그렇지 않으면 시계가 이긴다. 아이가 충분히 끝낼 수 있는 양의 과제를 주어 시계한테 이길 기회를 준다. 과제의 마무리와 함께 성취감까지 얻을 수 있다.

나와 달리 언니는 느긋한 성격이다. 바쁘게 서두르는 법이 없고 신중하다. 시골에 살던 우리는 고등학교부터는 도시로 유학을 가야 했다. 초등생인 내게 도시로 나가 고등학교에 다니던 언니는 우상이었다. 연합고사를 치루고 언니는 마산여고에 다녔다. 방학이면 엄마를 졸라서 언니 자취방에 가서 함께 지냈다. 엄마가 해 주는 따뜻한 밥과 편안한 집을 두고 방학만 되면 그렇게 보낸 걸 보면 그만큼 언니가 좋았고 그 시간을 즐겼던 것 같다. 무뚝뚝한 언니는 항상 느긋하다. 나이가 들면서 그런 언니는 가장 가까운 친구이자 고민을 들어주는 사람이다. 아무리 바빠도 내 이야기를 끝까지 들어주고 경청한다. 해결방법까지 제시해 줄 때는 구세주가 따로 없다. 어렸을 때는 잘 몰랐던 언니의 장점이다. 느긋하니 늘 낙천적이고 매사에 긍정적이다. 언니가 있어서 든든하다.

내 아이 옆에 이런 친구가 있으면 좋겠다는 생각이 든다. 힘들 때 이런 사람이 있으면 기대고 싶고 의지하고 싶은 마음이 든다. 느긋한 성격은 장점이다. '느려터진 아이'가 아닌 '신중한 아이'다. 지각할 때나 느려서 답답할 때 잔소리보다 신중한 아이의 태도를 칭찬하고 격려해준다. 너무 느긋해서 받는 불이익을 스스로 느끼게 하고 노력하도록 도와준다. 학교 가기 30분 전에 깨워 준비하는 아이가 항상 시간에 쫓긴다면 한 시간 일찍 깨워서 준비한다. 일어나기 힘들지만 자기 패턴에 익숙해지면, 일어나는 시간도 준비하는 시간도 스스로 조절하게 된다. 그렇게 나아진 아이에게 빠뜨리지 말아야 할 일은 칭찬과 격려이다.

> 타인과 우수한 것이 고귀한 것이 아니다. 진정 고귀한 것은 과거의 자신보다 우수한 것이다.
>
> – 어니스트 헤밍웨이

어제보다 나아진 아이의 태도에 격려를 아끼지 말고 잘할 수 있다는 칭찬을 한다. 조금씩 변화되는 아이를 관찰할 수 있다.

성격이 급한 부모는 느긋한 아이를 기다려주기 힘들다. 느린 아이 대신 기초 생활 습관부터 시간표나 준비물까지 챙긴다. 엄마의 손길이 많이 가야 한다는 핑계와 아직 어리기 때문이라는 말은 아이의 의존성을 높일 뿐 아니라 주도성의 발달을 방해한다. 부모는 아이를 진정 사랑하고 있다. 무엇과도 바꿀 수 없을 만큼 소중하고 귀한 아이가 미울 때도 있다. 육아에 지쳐서, 아이가 하는 행동이 진심으로 미워서일 때도 있다. 항상 긍정적인 눈으로 바라볼 수는 없다. 칭찬하지 않는 지금 이 순간이 다시는 오지 않을 시간이라고 생각한다면 지적하고 비난하는 행동은 줄일 수 있다. 오늘부터 느긋한 내 아이는 긍정적이고 신중한 아이다.

책과 함께 생각하기

들쥐 가족 이야기에요. 들쥐 가족의 보금자리는 헛간과 곳간이 가까운 돌담입니다. 농부들이 이사를 가자, 헛간은 버려지고 곳간은 텅 비게 됩니다. 겨울이 다가오자 들쥐들은 겨울을 대비합니다. 모두가 옥수수, 나무 열매, 밀, 짚을 모으느라 밤낮없이 열심히 일합니다. 프레드릭만 빼고요. 대신 프레드릭은 다른 들쥐들이 생각지못한 다른 것들을 준비합니다. 그것은 뭘까요?

눈송이는 누가 뿌릴까?

얼음은 누가 녹일까?

궂은 날씨는 누가 가져올까?

맑은 날씨는 누가 가져올까?

유월의 네잎클로버는 누가 피워낼까?

날을 저물게 하는 건 누구일까?

달빛을 밝히는 건 누구일까?

– 레오 리오니 『프레드릭』

💡 생각 질문1

내 안의 급함과 느긋함의 성향을 찾아 보세요.

💡 생각 질문2

느긋함이 장점이라고 생각하나요?

7.
예민한 아이
〈0~10세〉

혁이는 옷에 묻은 물이나 얼룩을 못 견뎌 한다. 손을 씻다가 물이 튕기면 갈아입어야 한다. 친구가 실수로 얼룩을 묻혀도, 음식물을 흘려도 여지없이 옷을 갈아입어야 한다. 옷은 금방 마르니 괜찮다고 해도 소용없다. 원하는 대로 옷을 갈아입지 못하면 울음보가 터지고 불안해한다. 어느 날 어린이집 선생님으로부터 편지를 받는다. 무릎을 꿇고 앉았다 일어서면 종아리에 생기는 자국 때문에 계속 운다고 한다. 미술 활동 시간에는 혹시라도 손가락에 크레파스나 물감이 묻으면 즉시 씻어야 한다. 혁이가 4살 때의 일이다. 그때 '아, 내 아이의 마음속에 뭔가 문제가 있구나'를 깨닫고 아이의 일상을 본다. 맞벌이하는 우리 부부는 혁이가 태어날 때부터 할머니와 함께 살았다. 양육을 책임지고 있는 할머니는 온종일 쓸고 닦기를 반복하는 30년 차 깔끔쟁이 주부이다. 보고 있는 것만으로도 사랑스러운 손자를 애지중지 키우고 혹시라도 더러운 병균이 아이를 해칠까 봐 노심초사다. 크레파스나 장난감을 만질 때도 손 씻기를 빼놓지 않는다. 간식을 먹을 때 옷에 흘린 얼룩도 가만히 두지 않고 새 옷으로 갈아입힌다. 아빠도 마찬가지다. 늦게 결혼한 아빠는 아이를 깨끗한 환경에서 양육하는 것이 가장 중요하다고 생각한다. 지나치게 깨끗한 양육 환경이 잘못되었다는 것을 알아차린 후부터 일상생활을 바로 잡기 시작한다. 특별히 더러운 것이 아니면 괜찮다고 말해주고 아이에게 보이는 어른의 일상생활 모습을 바꾼다. 당장 바뀌지는 않지만 불안해하는 아이의 마음에 공감해 주고 기다려주니 변하기 시작한다. 지금은 그랬던 아이의 모습은 전혀 찾아볼 수 없다. 사랑과 관심을 주면 아이의 문제 행동은 생각보다 빨리 좋아진다. 타고난 성향이나 기질이 예민한 아이가 예민한 양육 환경에 놓이게 되면 성향은 더욱 강화된다.

민호는 눈이 크고 몸집이 작은 아이다. 타고난 성향이 예민한 기질이다. 예민한 아이는 아기 때부터 잠을 잘 자지 않고 작은 소리에도 민감하다. 먹는 것도 예민해서 이유식 때도 애를 먹었다.

민호 엄마는 남편을 공경하고 자녀를 지혜롭게 키우고 싶다. 오직 가족을 위한 시간으로 하루를 보낸다. 청소하고 빨래하고 돌아서면 점심시간, 아이들의 간식을 만들어주고 책을 읽어준다. 민호가 혼자서 장난감을 가지고 놀 땐 남편의 저녁 식사 준비에 바쁘다. 가족의 저녁 식사가 끝나면 설거지와 아이들 씻기기와 재울 준비가 기다린다. 책을 좋아하는 아이로 자라길 바라서 밤마다 책 읽는 시간을 정해서 읽어준다. 민호 엄마는 내가 본 엄마 중 가족에게 가장 헌신하는 현모양처였다. 끝이 없는 집안일로 얻은 습진 걸린 손을 보여준다. 민호는 이런 엄마의 보살핌을 받고 크고 있다. 놀잇감이 비뚤어지는 걸 못 견디고 손에 어떤 것이 묻는 걸 극도로 싫어한다. 혹시라도 놀이 중에 크레파스가 묻으면 문을 열고 나가서 씻고 와야 다음을 이어 갈 수 있다. 민첩하고 빠른 민호는 바깥 놀이를 좋아한다. 호기심이 왕성해서 무엇이든 만지고 느껴보려고 한다. 그때마다 엄마는 "안돼, 더러워!"하며 손에 잡은 것을 버리게 한다. 엘리베이터 손잡이는 세균이 득실거리니 아예 잡지 못하게 한다. 호기심을 충족하지 못한 아이는 짜증을 잘 낸다. 엄마의 바람으로 더럽다고 생각하는 것을 만지지 못하고 여러 가지 경험을 하지 못한 좌절로 새로운 것에 도전하는 걸 두려워한다. 예민함을 더욱 강화한 사례다.

민호는 연구소에 와서 손을 씻은 후에도 수건을 쓰지 않는다. 남이 쓴 물건은 청결하지 않다고 생각한다. 글씨를 쓸 때도 조금만 틀리면 지우개가 남아나지 않을 정도로 지우고 또 지운다. 자기 물건에 지우개 가루가 묻을까 봐 책상에 두지 않고 안고 있다. 가방은 편하게 두고 오라고 해도 몸과 소유물을 떨어뜨리려 하지 않는다. 예민한 아이는 이렇게 편집 성향을 보이기도 한다. 민호의 성장 과정을 관찰한 후 엄마의 양육 태도를 바꿀 수 있도록 도움을 주었다. 누구나 그렇듯이 습관은 잘 바뀌지 않는다. 아이를 위해서 민호 엄마는 최선의 노력을 하고 있다. 육아서를 읽고 전문가의 말에 귀를 기울인다. 당장 눈에 보이는 변화는 없지만 민호는 조금씩 바뀌고 있다. 생활에서 별것 아닌 것에 까탈스럽게 굴던 것도 줄어들었다. 무엇보다 이런 자신의 일상에 불편함을 느낀다. 오랫동안 지속해온 습관이라 쉽게 고쳐지지 않지만 노력하고 있다.

문제행동의 원인이 엄마의 양육 태도였음을 지적했을 때 민호 엄마의 마음은 불편했다. 아이의 행동이 모두 내 잘못 같고 사람들이 자신을 나무라는 것 같다. 하지만 엄마는 노력 중이다. 태어나서 처음 하는 엄마 역할로 시행착오를 겪는 중이니 자책할 필요는 없다. 중요한 건 깨닫고 실천하는 것이다.

예민한 지한이는 관찰력이 뛰어나며 집중력도 좋다. 예민함과 꼼꼼함은 원플러스 원처럼 묶음이다. 그림을 그릴 때도 테두리 안의 빈 공간을 가득 채운다. 자기가 한 작업은 무엇이든 완벽하게 마무리되었을 때 만족한다. 틀린 그림 찾기의 능력자 지한이는 글자와 숫자 등 기호 인지도 빠르다. 관찰을 잘하니 기호의 생김새 차이를 빨리 인지한다.

예민함도 분명 장점이다. 까칠하기도 해서 자주 짜증을 내기도 하지만 지한이가 짜증을 낼 때마다 내 기분을 말해준다.

"선생님에게 자꾸 친절하게 말하지 않으니까 너무 속상해요."

"지한이를 만날 때 선생님은 사랑이 가득한 마음으로 이야기를 하는데 그렇게 말하니 슬프기까지 해요."

"지한이도 선생님처럼 친절하게 말해줬으면 좋겠어요."

여러 번 있는 그대로의 마음을 표현하니 선생님의 마음에 공감하기 시작한다. 짜증의 횟수가 줄어들고 자기가 한 작업이 마음에 들지 않을 때는 다시 한번 도전하기도 한다.

예민한 아이의 행동을 이해하지 못하고 아이의 요구와는 다르게 대처하면 편집 성향을 보인다. 예민함을 강화하면 편집 성향은 더욱 두드러지게 나타난다. 손에 묻은 크레파스를 지우고 싶은 혁이와 민호에게 지금 굳이 하지 않아도 된다며 야단을 친다면 아이는 불안해한다. 다음부터는 손에 묻을까 봐 크레파스를 잡으려고 하지도 않을 것이다.

정신분석학의 대상관계이론 중 아이의 발달단계에 편집분열 자리가 있다. 깨끗한 환경이 나를 지켜주기도 하지만 더러운 환경도 나를 해칠 수 없다는 것의 경험이 분열되어 적당히 통합되어야 한다. 편집 성향을 가진 양육자의 환경에서 자라면 깨끗한 환경만이 나를 지켜 줄 수 있다고 생각하면서 불안해한다. 이런 불안이 이상행동으로 나타난다.

예민하고 섬세한 아이는 다른 사람의 말을 주의 깊게 듣는다. 한결이는 공감을 잘한다. 주의 깊게 들으니 다른 사람의 마음을 잘 이해한다. 친구의 눈빛과 행동을 보고 미리 생각하고 다가가지 못한다. 혹시 용기를 냈을 때도 좋다는 표현을 과하게 하니 친구가 한 발짝 뒤로 물러선다. 이런 경험으로 의기소침해져서 유치원에 가기 싫다는 말도 가끔 한다. 공감을 잘하는 아이는 정서가 풍부하다. 잘 웃고 놀이를 즐긴다.

한결이는 일상에서 해소하지 못한 욕구를 놀이 속에서 해소하고 사회를 배우고 있다. 여러 가지 일로 상처받은 일은 나와의 놀이에서 상호 작용하며 공감하고 이해하며 풀고 있다. 섬세함이 장점이 되어 전하려고 하는 메시지를 빨리 받아들인다. 어느새인가 한결이는 건강하고 씩씩한 아이로 자란다.

가족 모두가 예민하다. 주변은 항상 깔끔하고 매사에 조심한다. 이런 가족문화에 동화되어 나도 혁이에게 외출할 때면 "조심해라!"와 함께 잔소리를 늘어놓는다. 물론 아이도 예민하다. 배탈이 자주 나고 잠자리가 바뀌면 쉽게 잠들지 못한다. 시어머니의 잔소리가 그렇게 싫더니 지금 내가 사는 모습은 어머니의 생활방식과 거의 닮았다. 그 덕분인지 아직 가족과 아이에게 큰 사건 사고 없이 살고 있다. 명절에 친정 가족이 모두 모이면 예민한 우리 가족은 빈정거림의 대상이 된다. 먹는 것도 까탈스럽고 생활습관이 다르고 하니 대충 살라는 충고도 받는다.

예민한 성향은 후천적으로 만들어지는 것보다 선천적인 경우가 많다. 감수성이 풍부하고 공감을 잘한다. 자신의 마음이나 몸의 변화에 민감하다. 까탈스러움과 신경질과 과민함을 이해하고 아이의 불안만 조절해 준다면 장점이 될 수 있다. 육아습관이 예민함을 더 강화한다는 설명을 앞에서도 했듯이 조금은 느긋하게 아이를 관찰하며 대응하면 된다.

책과 함께 생각하기

단추가 떨어지지 않을까, 비행기가 우리집 정원에 떨어지지 않을까.
마이어 부인은 늘 걱정을 안고 삽니다. 그러던 어느날 정원에서 새끼 지빠귀
를 발견하여 정성껏 키우게 되고, 어린 지빠귀에게 나는 것을 가르쳐야 한다
고 결심하지만 쉽지 않습니다. 그러나 지성이면 감천, 결국 비행에 성공. 지
빠귀뿐만 아니라 늘 시름 속에 어두운 하루를 보냈던 마이어 부인 역시도 하
늘을 날게 됩니다. 걱정을 한아름 안고 살던 마이어 부인은 정원에서 발견
한 새끼 지빠귀를 계기로 조금씩 암담한 일상을 잊어갑니다. 애정을 주고 공
들여 키우는 새 한 마리를 통해 하루하루의 근심거리가 잊혀지고, 환상처럼
하늘을 나는 기이한 경험까지 하게 된 것입니다. 어쩌면 걱정이란 별 게 아닌
지도 모르겠습니다.

– 볼프 에를부루흐 『날아라, 꼬마 지빠귀야』 중에서

💡 생각 질문1

예민한 아이의 눈치를 보며 양육하지 않나요?

💡 생각 질문2

예민한 아이의 반응이 예상되어 대충 넘어가는 일이 있나요?

나쁜 행동은 없다

수 해 동안 아이들과 함께 하는 삶을 살며 아이들을 잘 아는 교사라고 생각했다. 아직도 '왜 저럴까?, 왜 저런 행동을 할까?' 이해할 수 없는 행동을 하는 아이를 볼 때도 있다. 우리 어른들은 아이의 나쁜 행동을 보고 야단을 친다. 속상하고 남들 앞에 보일 때 부끄러운 적도 있다. 그런데 이해되지 않는 아이의 행동은 성향과 발달을 알면 금세 '아하!'를 외친다. 과거에는 아이를 '어른의 축소판'이라고 생각하여 어른과 똑같이 하기를 원하고 지시한 문제를 해결하지 못했을 때 체벌로 다스린 적도 있었다. 아이는 아이 자체로 보아야 하는 독립적인 존재다. 몸과 마음의 발달단계가 있고 발달의 개인차를 존중하고 이해하면 걱정스럽던 아이의 행동을 이해하게 된다.

유치원 교사로 시작한 아이들과의 삶을 돌이켜보면 부끄러운 적이 많다. 결혼하고 아이를 낳고 키우면서 더욱 더 많은 것을 알게 되었다. 아이를 사랑하는 방법과 엄마와 교사의 역할이 얼마나 중요한지를 깨닫게 되었다. 부모의 관심과 올바른 사랑으로 문제 되던 행동이 변화되는 과정도 본다. 아이를 이해하고 보면 모든 것이 용서된다.

부모의 행동을 보고
배우는 아이

　넓은 운동장에서 놀고 있는 아이를 보면 가까이에 있지 않더라도 대충 누가 아빠인지를 알 수 있다. 잘 알지 못하는 사람이지만 비슷한 생김새와 행동을 보면 추측할 수 있다. 걷는 모습까지 비슷한 부자(父子)도 있다. 가족이라는 한 울타리에서 나도 모르게 닮아가고 따라 하는 행동들 때문이다. 아이들은 모방을 잘한다. 가장 가까이 있는 부모의 행동을 보고 배운다.

　혁이가 어렸을 때 고집을 부리거나 말을 잘 듣지 않을 때 나도 모르게 손으로 엉덩이를 쳤다. 엄마가 자기 뜻을 들어주지 않을 때 내가 했던 행동을 그대로 따라 하는 것을 봤다. 생각 없이 했던 행동이 아이에게 '요구하는 것을 들어주지 않을 때 손으로 이렇게 치는 것이구나'하는 느낌을 줬던 것 같다. 가만히 보니 습관이 되어 말할 때마다 툭툭 친다. 문제를 깨닫고 나부터 행동을 고쳤다. 아이가 손으로 칠 때는 감정을 최대한 빼고 느낌을 전달했다. "엄마가 그렇게 했던 거 미안해. 나도 모르게 했는데 혁이가 엄마한테 똑같이 하니까 그게 나쁜 것인지 알겠어. 혁이도 엄마처럼 안 했으면 좋겠어."라고 부탁했다. 아이는 엄마의 말을 전달받고 습관을 고쳤다.

어른도 좋아하고 닮고 싶은 사람이 있으면 나도 모르게 그 사람이 하는 말투와 몸짓을 흉내 내는 것을 볼 수 있다. 어떤 교육에 몰입하다 보면 강사의 말을 그대로 흉내 내고 있는 내 모습을 발견하기도 한다. 나쁜 행동도 마찬가지이다.

아이에게 모범을 보이기 위해서 언제나 성자(聖者)처럼 살 수는 없다. 늘 평온한 감정 상태를 유지해 말을 듣지 않는 아이에게 부드럽고 이성적인 말투를 사용하기도 쉽지 않다. 많은 육아서에서 바른 부모상을 이야기하지만 현실에서는 실천하기가 힘들다. 엄마도 사람이다. 스트레스를 억누르고 복받쳐 오르는 감정을 숨기며 최선을 다해 양육하지만 아이의 행동은 생각만큼 마음에 들지 않는다. 억지로 감정을 누르기보다 표현하자. 엄마도 잘못하고 실수할 때가 있다는 것을 인정하고 아이에게 쿨하게 사과하는 모습을 보이자. 그런 모습을 보이는 엄마를 보고 거짓말하기는 쉽지 않다. 서로를 속이며 눈앞의 문제를 얼렁뚱땅 넘기는 모습부터 바로잡자. 엄마도 아이도 서로를 자연스럽게 표현할 수 있는 환경이 필요하다. 그런 환경에서 잘못하거나 실수를 했을 때 엄마에게 스스럼없이 달려와 이야기하는 아이가 된다. 엄마는 나의 어떤 것도 용서하고 보듬어 줄 수 있는 둥지 같은 곳이다.

책을 많이 읽는 친구에게 '나쁜 아이는 없다'는 제목으로 책을 쓰고 있다는 말을 했더니 "그럼, 나쁜 부모만 있는 거야?"라고 반문한다. 그런 뜻은 아니다. 인간은 태어날 때부터 착하다고 생각하는 교사로서 아이들의 문제 행동에 관해 생각해 보게 되었다. 여러 해 동안 엄마들의 고민을 듣고 해결해주며 느낀 것은 아이들은 처음부터 작정하고 나쁜 행동을 하지 않는다는 것이다. 어른들이 말하는 '나쁜 행동'의 기준이 발달상 나타나는 특징일 때도 있고 일시적이고 충동적인 경우도 있다. 타고 난 성향과 기질, 성격 및 양육자에게서 학습된 경우 등 다양한 이유가 있다.

아이의 성향을 알면 왜 그런 행동을 하는지 이해하기가 쉽다. 아이의 문제 행동으로 연구소를 찾아오는 부모들의 이야기를 들어보면 대부분 원인을 알고 있다. 질문하며 핵심을 좁혀 들어가면 해결방법도 알고 있다. 원인과 해결방법을 알고 있으면서 전문가를 찾는 것은 쉽게 실천하기 어렵기 때문이다. 아이 때문에 고민이 많은 부모에게 내가 가장 잘 쓰는 상담법은 들어주기와 칭찬하기이다. 지난 한 주 아이 때문에 받은 스트레스를 흉을 봐 가며 실컷 말 할 수 있도록 한다. 남편도 아이에 대한 흉을 보면 화가 나는 것이 엄마의 심리이다. 옆집 엄마에게 이런 이야기를 하면 말할 때는 시원하지만 하고 나면 왠지 찜찜한 느낌이다. '사랑하는 내 아이를 너무 나쁜 아이로 생각하면 어쩌나' 하는 괜한 고민도 생긴다. 그런 걱정 없이 실컷 말하고 난 뒤에 마무리는 아이의 장점을 술술 이야기하는 모습을 본다. 이렇게 들어주는 사람이 남편이고 아내이면 더할 나위 없이 좋겠다.

좋은 부모가 되고자 하여 나를 찾는 엄마들에게 꾸짖기보다는 칭찬을 아끼지 않는 편이다. 아이의 문제 행동이 모두 부모의 양육 태도 때문이라고 몰아세우면 우울하다. '나 때문에 아이가 저 모양이구나.'하는 죄책감은 부모에게 의욕보다 좌절감만 안긴다. 칭찬은 고래도 춤추게 한다고 하지 않던가. 무조건 칭찬한다. 아이를 사랑의 눈빛으로 바라보는 모습조차도 잘한 일이라고 한다. 삼시 세끼 맛있는 식사를 준비하는 것부터 칭찬한다. 무엇보다 전문가의 말에 귀 기울이며 실천하려는 엄마의 노력에 칭찬한다.

엄마는 아빠를, 아빠는 엄마를 칭찬해 보자. 내 아이가 세상에서 가장 관심과 사랑을 주어야 할 아이라는 것을 인정하고, 서로를 존중하며 서로의 말에 경청해 보자. 어느새 부모의 이야기를 잘 듣고 있는 아이를 만날 수 있다. 이렇게 3개월, 6개월이 지나다 보면 몰라보게 달라진 아이와 엄마가 있다. 그리고 행복한 가정이 있다.

1
산만한 아이
〈3~10세〉

산만한 아이를 키워보지 않은 사람은 아이가 왜 그런지 이해를 못 한다. 산만한 아이는 공부도 못할 것이라는 추측을 하고 ADHD(주의력 결핍 및 과잉 행동 장애)라는 흔한 병명을 갖다 붙이기 좋은 아이로 오해하기 쉽다. 좀처럼 의자에 엉덩이를 붙이질 못하고 자기가 해야 할 일을 수행하지 않고 딴짓을 한다. 집중이라는 단어가 전혀 어울리지 않는 아이도 두 가지 경우가 있다.

첫 번째는 작업은 수행하면서 좀처럼 몸을 가만히 두지 못하는 아이다. 일상생활에서도 학습할 때의 모습과 비슷하다. 식사하고 있지만 가만히 앉아서 먹지 못하고 잘 흘리며 자기의 몸을 스스로 통제하기 어려워한다.

두 번째는 작업 수행도 안 되고 몸이 들썩거리는 아이다. 그야말로 지금 이 작업을 하기 싫음을 강하게 어필하는 것 같다. 나는 지금 너무 하기 싫다. 내 마음은 다른 곳에 가 있다고 말하는 것이다.

첫 번째는 영유아기 때의 일상생활로 거슬러 올라가 보면 독립심이 자라는 시기인 "내가! 내가!" 하는 3~4세에 양육자가 아이의 일을 친절히 빼앗아 버리지 않았는지 생각해 보아야 한다. 아이가 해야 할 일을 양육자가 다 해 주니 자신의 몸을 움직여서 발달시켜야 하는 소근육, 눈과 손의 협응력 등이 늦어져 초등학생이 되어도 신체조절이 잘 안 되는 경우다.

두 번째는 인내심과 끈기가 부족한 경우로 무엇이든지 쉽게 싫증을 내고 원하는 작업이 아니면 관심조차 주지 않으려고 한다. 성향이 그럴 수도 있겠지만 어떤 일을 시작했을 때 마무리가 되는 일이 별로 없다. 아이가 좋아하는 놀이를 하고 있을 때 몰입을 방해하는 경우가 자주 있거나 대중매체나 미디어에 많이 노출된 경우이다. 놀이에 몰입하고 있는 아이 옆에서 "잘한다, 잘한다"로 집중을 방해하거나 한참 열중하고 있는 아이의 의견은 무시한 채 정리해야 한다며 치워버리는 일이 자주 있었는지 생각해보자. 육아가 힘들어서 텔레비전이나 게임기로 오랜 시간을 보내게 했는지도 떠올려 보아야 할 것이다.

지금도 늦지 않다. 산만한 행동을 할 때 아이를 잘 관찰하면 답이 보인다. 신체조절이 잘 안 된다면 잔소리보다 방법을 알려준다. 앞서 1장 '급한 아이'에서 말한 것처럼 천천히 모범제시를 보여주고 따라 하게 한다. 속 터지고 답답하더라도 심호흡 한번 하고 아이에게 보여준다. 섬세한 손가락 사용을 하는 작업을 할 수 있도록 도와주자. 젓가락질은 손쉽게 활용할 수 있는 방법이다. 앞의 문제를 해결해야 뒤의 문제를 풀 수 있는 순차적 사고를 기르는 보드게임도 좋다. 스스로 할 수 있는 일은 도와주지 말고 아이가 할 수 있도록 격려해 주고 일상생활을 바로잡는 것부터 시작해 본다. 싫증을 잘 내서 재미가 없는 것을 계속 하라는 강요받으면 몸이 가만히 있지를 않는다. 짧게 끝나는 과제를 주고 시간을 점점 늘려간다. 처음엔 10분만에 끝낼 수 있는 과제에서 20분으로, 익숙해지면 30분 이상으로 늘려가면 된다. 산만한 아이도 하고 싶은 것을 할 때는 한 시간 이상 앉아있다. 해야 할 일들을 하고 싶도록 만들어 주면 놀이 할 때의 모습을 볼 수 있다.

교구 놀이를 하는 민수는 산만하지 않다. 눈을 반짝이며 내 손의 움직임을 놓치지 않으려고 애쓴다. 하고 싶은 의지가 많고 놀이를 즐긴다. 유치원을 졸업한 몇 해 뒤, 다시 만난 민수는 학습을 싫어한다. 다시 말하면 엄마가 시키는 학습을 싫어한다. 공부하라고 하면 딴짓을 하고 의자에 가만히 앉아 있지를 못한다. 연필심을 부러뜨리고 지우개를 갈기갈기 찢어버린다. 책상 밑에 들어가 누워버리기도 하고 의자 위에 드러눕는다. 하기 싫다는 표현이다. 민수 엄마는 그럴 때마다 아이에게 이것만 하면 무엇을 사준다거나 TV를 보여준다는 등의 보상을 건다. 보상을 걸어 지금 이 순간을 넘겨보려고 한다. 엄마의 달콤한 보상을 듣고 다음번에는 더 강한 보상을 원하며 산만한 행동을 극에 달하도록 한다. 더이상 보상으로는 엄마가 원하는 학습을 수행할 수 없는 지경에 이르게 된다. 견디다 못한 엄마는 체벌과 협박을 한다. 결국 민수는 울어버리고 엄마도 원하는 것을 얻지 못한다. 매일 반복되는 안타까운 일상이다.

산만한 아이의 행동을 바꾸고자 하는 보상은 성공을 거두기가 어렵다. 산만한 원인을 분석하고 아이의 성향을 고려한 적절한 방법이 필요하다. 그리고 아이의 마음 읽기가 선행되어야 한다. 어릴 때 눈을 반짝이며 나를 보던 아이가 이렇게 변한 이유가 궁금해진다. 민수는 결혼을 늦게 한 엄마가 어렵게 얻은 귀한 아들이다. 집안의 사랑을 독차지하고 자라 부족할 것이 없다. 아이가 원하는 건 모두 다 들어주고 절제도 없다. 욕구가 생기기 전에 아이 앞에 다 가져다주니 민수는 자연스럽게 수동적인 아이가 된다. 말을 잘 듣지 않을 때는 귀신이 잡아간다는 말로 겁을 주어 소심하고 겁도 많다. 순한 아이를 쉽게 키우고 싶었던 민수 엄마는 그때를 후회한다.

민수는 놀이를 좋아한다. 레고 조립과 그림 그리기를 즐긴다. 초등학생이 되면서 민수 엄마는 그런 놀이에 시간을 많이 쓰는 게 못마땅하다. 여기저기 학원을 알아보고 민수의 일과는 숨이 찰 정도로 빡빡하다. 처음에는 엄마가 시키는대로 하다가 하기 싫다는 말이 통하지 않으니 일탈 방법을 택한다. 엄마가 그랬던 것처럼 "이거 다하면 뭐 해 줄 거야?" 선수를 치기도 한다. 선생님과 일주일에 한 번씩 만나면서 자기의 이야기에 귀 기울여주고 공감해 주니 마음을 연다. 힘든 자기 일상을 이야기하며 놀고 싶다고 한다. 엄마를 설득해 하루 일과에서 노는 시간을 가질 수 있도록 했다. 상담사의 권유로 시간을 비워뒀지만 불안한 엄마다. 더디지만 조금씩 변하는 아이의 모습을 보며 반신반의로 그 상태를 계속 유지한다. 협박과 협상을 자주 하던 엄마의 양육 태도도 달라진다. 싫다고 하면 싫은 이유를 먼저 들어보고 이해가 갈 때는 아이 말을 존중해준다. 일 년이 지나서 민수는 눈에 띄게 달라진다. 학습을 즐겁게 받아들이진 않지만, 일탈 행동이 확연히 줄었고 행동을 하기 전에 말을 먼저 한다.

3살 현준이는 에너지가 넘쳐서 엄마가 감당하기에 역부족이다. 주변 사람들이 너무 산만한 것 같으니 전문가에게 상담을 받아보라는 말을 듣고 걱정이 되어 찾아왔다. 엄마 혼자 데려오기가 힘들어 항상 아빠와 함께 다닌다. 현준이는 힘이 세고 잠시도 가만히 있지 못한다. 처음 놀이를 했던 날, 방에 있던 교구와 장난감들이 날아다니고 이걸 꺼내면 저걸 보며 방을 빙글빙글 돈다. 5분이 지나니 방은 온통 어질러진 쓰레기통과 같다. 말이 늦어 표현은 잘 못 하지만 모두 알아듣고 의사소통은 가능하다. 한 달 동안, 현준이는 던지고 나는 주우러 다니며 아이의 놀이에 참여한다. 놀이를 한 다음에는 정리해야 하는 것을 알려준다. 처음부터 맞장구를 치고 상호작용하며 눈을 맞추니 "네"라는 대답도 한다. 뛰어다니던 아이는 두 달째부터는 앉아 있다. 앉아있는 시간이 짧긴 하지만 분명 내 말을 듣고 따르며 놀이에 집중한다. 활력이 넘쳐 밖에서는 걸어 다니지 않고 뛰어다니니 엄마 아빠가 항상 긴장한다. 아이가 하는 말을 알아 듣지 못해 대충 "응. 응"하는 습관의 반응을 현준이는 알고 있다.

말을 하지 못하더라도 몸짓과 눈빛, 행동을 보면 아이가 무슨 말을 전하려고 하는지 알 수 있다. 그런 내게 신뢰감을 나타내며 문을 열고 들어오는 모습이 신이 난다. 말이 안 통하니 위험할까 봐 "안돼!"라고만 하는 엄마 아빠와는 달리 잘 들어주고 맞장구쳐주는 선생님과의 놀이가 재미있다. 원하는 게 마음대로 안 되면 소리를 지르던 습관도 잘 들어주면서 해결이 된다. 고집불통 말썽꾸러기 아이는 어느 순간 순한 양으로 바뀌고 있다. 활동성이 강한 기질을 타고난 현준이는 실외 놀이에서 에너지를 많이 쓸 수 있도록 배려해야 한다. 그렇게 에너지를 방출하고 나면 정적인 놀이에 집중할 수 있다.

현준이와 소통이 되면서 아이의 발달이 눈에 띄게 성장하는 것을 관찰한다. 가만히 앉아서 놀이하는 것을 상상도 못 한 부모는 감탄한다. 산만한 아이로 생각하던 현준이가 공감해주고 경청해주며 마음을 알아주니 놀이를 즐기고 집중하는 아이가 된다. 기질적 성향을 알고 대응해주니 산만하게 보이는 행동이 줄어든다.

영유아기를 지나는 아이들을 보면 모두 산만하다. 1~2분 정도 몰두하다가 금세 새로운 것을 찾는다. 집중하고 있다가도 주위에서 소리가 나면 고개를 돌리고 관심을 보인다. 지극히 정상이다. 오히려 이 시기에는 소리가 나는 쪽으로 반응하지 않는 것에 관심을 두어야 한다. 어른들이 말하는 산만해 보인다는 것은 한 가지 일을 오랫동안 하지 않고 이것저것 어수선하게 돌아다니는 것을 말한다. 이때부터 아이가 산만하다고 인정하고 핀잔을 주거나 올바른 상호작용을 하지 않으면 발달에서 오는 특징이 산만한 행동으로 굳어버릴 수 있다. 아이의 발달은 개인차를 고려해야 한다. 오랫동안 관심 있는 것을 응시하는 아이가 있고 새로운 것만 찾는 아이가 있다. 짧은 집중 시간은 성장하면서 점점 길어지고 좋아하는 놀이나 관심사가 생기면 무섭게 집중하고 몰입한다. 부모가 해 주어야 할 일은 집중하는 아이를 방해하지 않는 것이다. 몰입 경험으로 행복감을 느끼고 만족감을 느낀다.

심리학자 미하이 칙센트미하이 교수는, '몰입'은 고도의 집중을 유지하면서 지금 하는 일을 '충분히 즐기는 상태'를 뜻하는 것으로 몰입을 통해서 자신의 잠재력을 개발하고 자신감이 생기며 행복도 얻을 수 있다고 한다. 미하이 교수가 말하는 몰입이 어린아이에게 적용된다는 말은 하지 않지만 나는 수년간 아이들을 관찰하면서 어릴 적 놀이에서의 집중이 몰입과 연관이 많다는 것을 체험했다. 우리나라 긍정심리학의 권위자인 연세대 김주환 교수는, "어떤 일에 몰입하기 위해서는 그 일을 스스로 선택하고 결정했다는 느낌을 받아야 한다."고 말한다. 아이들의 놀이가 그렇다. 그들은 자기가 하고 싶은 놀이를 스스로 선택해서 결정하며 놀이에 깊이 빠진다. 어른들의 몰입과 같다. 몰입 상태에 들어가면 주변에 어떤 일이 벌어지든 잘 인식하지 못하게 되는데 대표적인 것이 시간의 흐름이다. 레고 조립을 하는 아이는 몇 시간이고 같은 자리에 앉아서

끼우고 빼기를 반복한다. 완성한 후에는 만족감과 행복감이 얼굴에 그대로 나타난다. 누가 시켜서 하는 일이 아닌 자기가 선택하고 결정한 일이 집중을 일으킨다. 산만하다고 생각되는 아이에게 놀이의 즐거움을 만끽할 수 있는 시간을 경험하도록 도와준다. 활동적이고 에너지가 많은 아이도 그 시간만큼은 집중한다. 이런 시간과 경험들이 모여서 진중한 아이로 성장한다. 산만한 아이의 호기심은 아이들이 가지고 있는 가장 큰 장점 중의 하나다.

책과 함께 생각하기

마음껏 뛰어놀 자유를 잃은 지 오래인, 몸 놀이조차 교육과 훈련의 영역에서 관리되는 요즘 아이들. 책 속에 등장하는 동물 친구들과 함께 달리고, 함께 느끼며 뛰어 놀 수 있는 책입니다. 공룡도 달리고, 호랑이도 달리고, 사자, 코뿔소, 타조, 사슴도 함께 달리는데 아이들도 달리지 않을 수 없습니다. 동물 친구들과 신나게 한바탕 뛰며 놀고 나면 어느 새 동물 친구들과 한 데 어울려 뒤엉켜 있습니다. 자유롭게 뛰놀면서 내부에 꿈틀거리는 생명력을 분출시키면서, 친구들과 부딪치고 교감하며 성장해야 하지만, 일찍부터 교육과 훈련의 영역에 몸과 마음이 얽매여 버리는 아이를 위한 창작 그림책입니다.

– 이혜리 『달려』

💡 생각 질문1

산만한 아이를 감당하기 힘들다고 생각하나요?

💡 생각 질문2

몰입하고 있는 아이를 본 적이 있나요?

💡 생각 질문3

보았다면 나는 어떻게 했나요?

2
수줍음 많은 아이
〈3~11세〉

내향적인 아이가 수줍음이 많지만 외향적인 아이도 그럴 수 있다. 엄마 뒤로 숨는 아이, 인사를 잘 하지 않는 아이, 처음 보는 사람과 말을 잘 하지 않는 아이 등 수줍음 때문에 하지 않는 일들이 생긴다.

할머니와 함께 3대가 사는 집은 명절이 되면 손님들의 발길이 잦다. 아주 어렸을 때부터 낯선 사람에게 인사하는 것이 힘들다. 엄마는 손님에게 인사하라고 하지만 언제나 다른 방으로 줄행랑을 치곤 했다. 낯을 많이 가리고 부끄러움이 많다. 내향적인 성격 때문이라고 생각한 낯가림은 지금도 여전하다. 아이 넷을 키우며 농사일을 한 엄마는 위로 오빠와 18개월 아래인 나를 돌보기가 힘겨웠을 것 같다. 가끔 우는 아이를 놔두고 농번기 일을 했다는 엄마의 옛이야기를 듣는다. 그 속에 내가 있다는 것을 본능적으로 느낀다. 동생과 아주 오랫동안 엄마의 젖가슴을 두고 서로 차지하려 했던 기억은 교육전문가로 사는 나도 불안정 애착으로 자란 아이였다는 것을 깨닫는다. 사람을 많이 만나는 직업을 가졌지만 사적으로 만나는 낯선 사람은 여전히 어색하다. 친구를 사귀고 깊은 우정을 만드는데 걸리는 시간이 길다. 나이 들어서는 새로운 사람을 사귀기보다는 익숙한 사람들과 관계를 유지한다.

아이들의 낯가림은 시각이 발달하는 6~7개월부터 시작된다. 얼굴이 인식되면서 엄마와 생김새가 다른 사람을 보면 울기부터 한다. 아빠도 예외는 아니다. 돌이 될 때까지 낯가림은 계속되고 이후의 낯가림은 성향에 따라 다르다. 안정적인 애착 관계가 형성된 아이는 낯선 사람을 봐도 울지 않고 관찰한다. 불안정 애착이 이루어진 아이는 낯가림이 심하다. 애착 관계가 불안정하고 예민하기까지 하면 수줍음이 많고 낯가림을 할 가능성이 크다.

예담이는 24개월이 되기 전에 어린이집에 갔다. 아빠는 더 아기였을 때부터 외국에서 직장생활을 했고 엄마와 둘이서만 지낸다. 엄마의 건강이 나빠져 급하게 어린이집을 알아보고 보낸다. 어린이집에 가야 할 상황을 별다른 설명 없이 보낸 후폭풍은 엄청나게 컸다. 낯선 사람은 무조건 보지 않으려 하고 엄마와 잠시도 떨어지지 않으려고 한다. 엄마가 화장실을 가도 함께 있으려고 하고 음식물 쓰레기를 버리러 가도 데리고 다녀야 한다. 내가 예담이를 만났을 땐 30개월이었다. 불안과 경계의 눈빛이 역력하고 잠시도 엄마와 떨어지지 않는다. 남자는 특히 싫어하고 옆으로 다가가면 공격성을 보이기도 한다. 예담이와 친해지는 데는 꼬박 3개월 이상 걸렸다. 아빠 없이 독박육아를 한 엄마는 힘들고 우울하다. 그럴 때마다 아빠와 영상통화도 하고 힘든 일상을 얘기하고 위로받지만 전화를 끊고 나면 원점이다. 엄마의 정서는 예담이에게 그대로 이입되어 무의식적인 불편함이 생긴다. 예민하고 까칠한 아이가 불안한 애착 형성이 되었는데 어린이집 등원으로 갑자기 엄마와 떨어지니 불안은 더 강해진다. 기저귀 떼기는 자연스럽게 늦어지고 언어를 비롯한 전반적인 발달이 늦다. 낯선 사람을 만나면 경계를 보이고 마음에 들지 않는 행동을 하면 소리부터 지른다. 말을 듣지 않는 예담이가 다행인 것은 놀이를 즐기는 것이다. 힘센 동물을 좋아해 사냥꾼 놀이와 동물 놀이를 하면 쳐다본다. 동물을 가지고 역할 놀이를 하면서 엄마의 무릎에서 떨어진다. 믿을 수 있는 사람이라는 신뢰감이 생기고 나서는 눈을 바라보고 웃는다. 놀이방에서 엄마와의 거리는 점점 멀어지고 3개월이 지나면서는 문도 닫게 된다. 엄마는 예담이에게 할 일을 미리 이야기해준다.

"오늘은 행복연구소에 갔다가 친구 만나러 가자. 엄마랑 택시 타고 선생님 만나러 가는 거야. 친구 만나면 뭐할까?" 아이와 이야기도 하고 의견도 물어본다. 말을 하지 못한다고 해서 생각도 못 하는 건 아니다. 이야기 나눈 내용은 그대로 지킬 수 있도록 한다. 눈에 보이지 않아도 엄마는 옆에 있고 너를 지켜준다는 믿음을 계속 준다. 엄마와 신뢰감이 형성되자 낯선 사람에 대한 경계도 풀기 시작한다. 부끄러워 쉽게 말을 꺼내지 못한 예담이가 문을 열자마자 인사를 한다. "선생님, 안녕하세요."

　다나는 친구들 앞에서 하는 모든 것이 쑥스럽고 하기 싫다. 학교에서 발표하는 일은 거의 없고 발표할 차례가 되어도 고집부리며 하지 않는다. 번호순대로 돌아가는 인사하기 "차렷! 인사!"도 못해서 10분 동안 서 있었던 적도 있다. 학예 발표회에서는 자기가 해야하는 차례에 아무것도 안 하고 있어서 친구들과 선생님을 난감하게 한 경우도 있다. 너무 부끄러워서 못하겠다고 한다. 장점 찾기를 한 다나는 자기를 표현하는데 어색하다. 친구의 장점을 물어보라고 한다. 동생의 장점은 잘 이야기해 줄 수 있다고 한다. 자기 이야기를 부끄러워하고 어색해한다. 감정을 표현하는 것도 서툴다. 보드게임에서 지게 되면 서운해하고 이길 때까지 다시 하고 싶어 하는 아이들과도 다르다. 지면 끝이다. 이겨도 그만이다.

　감정표현을 잘 하지 않는 다나에게 코칭부터 시작한다. 내 기분 표현하기, 공감하기, 선생님 기분 알아맞기 등의 활동을 한 후 내가 잘하는 것이 무엇인지 이야기한다. 이야기를 잘하지 못하는 다나에게 몇 가지 장점을 들려준다. 그 말을 듣고 "맞아요. 그거 제가 잘하는 거예요." 그림 그리기를 좋아해서 자기의 그림을 설명할 수 있는 시간을 준다. 신이 나서 이야기하다 보니 어느새 수다스럽기까지 하다. 수줍음이 많은 다나는 예의가 바르다. 다른 사람을 배려하는 습관이 자기의 말과 행동으로 피해를 주기 싫어한다. 그러다 보니 표현하는데 익숙하지 않다. 타고난 수줍음에 발표를 극도로 싫어한 다나도 조금씩 변하기 시작한다.

학예회 때 실수하지 않고 친구들과 함께했던 기억으로 용기가 생긴다. 마음먹고 처음에 발표했을 때는 모기소리 같이 작은 소리였지만 그 용기에 엄청난 격려와 칭찬을 해 주었다. 아직 스스로 발표하는 일은 없다. 이제 한 발짝씩 성장하는 다나를 믿어주고 기다려주면 된다. 부끄럽고 창피하고 낯설어서 하지 못 하는 일은 스스로 극복해야 할 일이다. 야단이나 핀잔보다 믿어주고 격려해 주는 것이 필요하다. 답답함을 표현하는 것은 아무런 도움이 되지 않는다.

수줍음이 아주아주 많은 팀 아저씨는 친구가 한 명도 없었어요. 벼룩이 통통통 뛰어 팀 아저씨에게 다가가 말했어요. "우리 친구 할까?" 팀 아저씨는 벼룩과 친구가 되었어요. 팀 아저씨는 두 개의 말뚝 사이에 기다랗게 줄을 이어 놓았어요. 그러고는 벼룩에게 연습을 시키기 시작했어요. 벼룩은 공중제비, 세 바퀴 공중회전 등 온갖 재주를 보여 주었어요. 사람들이 점프를 보려고, 말뚝 앞으로 모여들었어요. 그런데 벼룩이 숨어서 나오지를 않는 거예요. 사람들 앞에 서려니 다리가 후들거렸거든요. 사람들은 짜증이 났어요. 바로 그때, 수줍음이 많았던 팀 아저씨가 줄 위로 올라가더니, 점프를 하고, 또 하고, 마치 날아오르는 새처럼 점프를 하는게 아니겠어요! 사람들은 환호했어요. 사람들이 자리를 뜨고 난 후, 팀 아저씨는 벼룩에게 말했어요. "공연을 하고 났더니 수줍음이 조금은 없어진 것 같아. 신기한 일이야." 그러자 벼룩이 말했어요. "나는 말이야, 단 한 사람만을 위해서만 점프를 할 수 있나 봐." 팀 아저씨가 벼룩에게 말했어요. "너는 다른 사람들 눈에는 잘 보이지도 않겠지만 나한테는 소중한 친구야!" 그러자 버룩도 말했어요. "너도 나한테 정말 소중한 친구야!"

- 에릭 바튀 『우리는 소중한 친구』

아이들을 도와주는 것은 의미 있고 보람찬 일이다. 나도 엄마도 아이에게 팀 아저씨처럼 소중한 친구가 되면 좋겠다.

성격이나 성향에 따라 나타나는 행동을 문제라고 생각하지 않는다. 있는 그대로를 바라봐주고 인정해주면 된다. 어렸을 때 내 모습을 떠올리면 아이를 이해하기 쉽다. 그랬던 내가 너무 불편했고 내 아이는 그렇게 자라지 않았으면 좋겠다는 마음이 대부분 엄마의 마음이다. 안타깝고 도와주고 싶은 마음이 잔소리가 되어 "우리 엄마는 잔소리꾼!"이라는 아이들의 불만만 듣게 될 뿐이다.

독서 모임에 가면 많은 사람이 온다. 직업도 다양하고 참가할 때마다 새로운 얼굴들이다. 눈인사와 상투적인 "안녕하세요"라는 인사를 건넨다. 지난번 만나서 이야기를 주고받았던 사람과 친한 척하며 말을 걸지 못한다. 몇 번 만나지 않았지만 서로 반갑게 인사하고 얘기를 나누는 사람도 있다. 나와는 다르다. 소모임 시간이 되면 달라지는 내가 앉아 있다. 서로를 소개하고 책에 관한 이야기를 할 때면 자신 있는 목소리로 신이 나서 이야기한다. 조금 전 쑥스러워서 말을 못 걸던 여자는 사라지고 처음 본 사람들 앞에서 목소리를 내고 수다스러운 여자가 있다. 좋아하고 잘 아는 것에서 보이는 모습은 아이도 마찬가지이다. 수줍음이 많아서 걱정인 내 아이는 때에 따라서 자신감이 넘치고 활발한 아이이기도 하다. 좋아하고 잘하는 것을 찾아주어 가족 앞에서라도 표현을 많이 할 수 있도록 도와주자.

책과 함께 생각하기

수줍음이 아주 많은 팀 아저씨는 친구가 없습니다. 누군가 아저씨에게 말을 걸면, 얼굴이 새빨개지고 우물쭈물하거든요. 그러다가 사람들 눈에 잘 띄지도 않는 벼룩을 만나게 됩니다. 그런데 이게 웬일이에요? 벼룩 앞에서는 말을 더듬거나 우물거리지도 않고, 쭈뼛거리지도 않는 거예요. 팀 아저씨와 벼룩은 서로 친구가 되기로 했어요. 그러던 어느 날, 팀 아저씨는 벼룩의 멋진 점프를 보고 사람들에게 보여주자고 제안을 합니다. 그런데 벼룩은 사람들 앞에 나서는 것이 너무나 떨리고 긴장됐어요. 겁이 나서 잔뜩 움츠린 벼룩을 위해 팀 아저씨는 무엇을 할 수 있을까요? 팀 아저씨와 벼룩은 서로에게 소중한 친구가 될 수 있을까요?

– 에릭 바튀 『우리는 소중한 친구』

💡 생각 질문1

수줍어 하는 아이를 이해해 본 적이 있나요?

💡 생각 질문2

무조건적인 믿음이 중요할까요?

3

공격적인 아이

〈3~10세〉

　행동을 과격하게 하거나 놀이에서 싸움을 즐기는 아이가 있다. 눈에 보이지 않지만 내면에 공격적인 성향을 품고 있는 아이도 있다. 친구를 물고 장난감을 던진다. 화가 나면 엄마를 때리고 과격한 말을 한다. 소리를 지르기도 하고 친구들의 놀이를 훼방 놓기도 한다. 이런 행동을 보일 때 엄마는 하지 말라는 말과 계속되는 아이의 행동을 제지하지 못해 체벌을 사용한다. 인내심의 한계가 온 엄마는 감정조절이 안 된다. 공격성을 보이는 아이들을 살펴보면 원인과 이유가 있다.

　정언이는 3살 쌍둥이 남자아이다. 어린이집에서 친구를 자주 물어 엄마는 난감하다. 30개월이 되었지만 엄마, 아빠, 빵빵, 차 등 표현하는 단어가 몇 개 안 된다. 돌발적인 행동을 잘해서 항상 예의주시하고 있어야 한다. 쌍둥이 동생이 가지고 있는 물건을 빼앗아 버려 싸움이 끊이질 않는다. 워킹맘인 엄마는 일상이 지치고 힘들다. 언어발달이 늦어 자기가 원하는 것을 말로 표현하기 힘드니 행동으로 표현한다. 못 알아들으면 짜증을 낸다. "나도 그걸 갖고 싶어, 같이 놀자."가 안되니 빼앗아서 욕구를 충족한다. 자기보다 힘이 약한 친구에게는 더 자주 그런 행동을 한다. 정언이는 자동차를 좋아한다. 놀이방에 누워서 바퀴가 돌아가는 모습을 보며 좋아한다. 여러 가지 자동차를 보여주니 좋아하며 놀이에 빠진다. 어느새 다른 놀이로 관심을 옮겨 콩 옮기기로 간다. "이렇게 하는 거야." 라고 보여주기 전에 쌀과 콩을 섞어버린다. 바닥에 콩을 던지기도 하고 통제가 힘들다. 다시 보여주기를 하고 도와달라고 하니 잠깐 못 들은 척한다. 선생님이 콩 줍기를 계속하고 있는 모습을 보고 줍는다. "정언이가 도와주니 선생님이 정말 고마워요." 표현하니 씨익~ 웃는다.

정언이는 육아휴직을 끝낸 엄마가 어린이집을 보내면서 공격성을 띠었다. 엄마는 집에 있을 땐 순하기만 했던 아이가 매일 어린이집 선생님한테 혼나니 마음이 아프다. 최근 셋째 임신과 복직으로 피곤해진 엄마는 예전만큼 아이들과 시간을 보내지 못하고 있다. 정서적으로 민감한 정언이는 엄마와 함께 있고 싶은 욕구를 공격적인 행동으로 표현한다. 웅얼거리는 아이와 눈 맞춤하며 잘 들어주고 놀아주기만 해도 공격성은 확연히 줄어든다. 아빠도 퇴근 후엔 몸으로 놀아주며 에너지를 발산할 수 있도록 최선을 다한다. 출근길에 어린이집에 데려다주면서 "친구를 물면 안 돼, 무는 건 나쁜 행동이야. 정언이도 물리면 아픈 것처럼 친구도 아파. 친구를 아프게 하는 정언이는 엄마가 속상해!"와 같은 말을 아이의 눈높이에 맞춰서 해 준다. 이렇게 엄마와 아빠가 조금 더 관심을 가지고 노력했더니 어느새 무는 행동은 사라지게 되었다.

아이가 공격성을 보일 때 부모의 권위 있는 훈육은 매우 중요하다. 현우는 엄마가 원하는 걸 해 주지 않거나 화가 나면 "엄마가 죽었으면 좋겠어요!"부터 시작해 표현할 수 있는 모든 나쁜 말을 쏟아낸다. 기분이 틀어지면 엄마를 때리고 주위에 있는 물건을 던진다. 화가 난 엄마는 아이와 육탄전을 한다. 지지 않으려는 아이와 이성을 잃은 엄마는 땀으로 뒤범벅이 되고 남는 건 후회뿐이다. 아이와 같이 싸우는 것으로 엄마의 권위는 서지 않는다. 매를 드는 것으로도 힘들다. 아이의 분노만 키울 뿐이다. 공격성이 강한 아이를 더욱 공격적인 아이로 만든다. 아이가 나쁜 말을 할 때는 왜 그런 말을 하는지 이유를 물어보고 아이의 마음을 먼저 읽어준다. 그 말을 들었을 때 마음을 아이에게 표현한다.

"현우는 정말 엄마가 죽었으면 좋겠다고 생각해?"
"아니요, 엄마가 자꾸 나를 화나게 만들잖아요!"
"아, 네가 너무 화가 나서 그렇게 말한 거구나."
"네." 일곱 살 남자아이가 내 눈을 똑바로 쳐다보며 말한다.
"그런데 선생님은 그런 말을 들으면 아주 슬플 것 같아. 세상에서 제일 사랑하는 사람한테 죽었으면 좋겠다는 말을 들으면 기분이 어떨까?"

촉촉한 내 눈을 보며 현우도 깊은 생각에 잠긴다. 생각이 깊고 차분하지만 활동성이 강하고 공격적인 현우는 약속을 잘 지킨다. 평소에는 엄마와 한 약속을 잘 지켜 칭찬도 자주 받는다. 아이가 공격적인 행동을 할 때 엄마도 함께 감정을 내세우는 것은 아이의 행동을 강화하는 것이다. 격앙되지 않은 목소리로 왜 그런 말과 행동을 하는지 물어보아야 한다. 그런 말을 했을 때

"아주 속상했구나. 우리 현우가 좀처럼 나쁜 말을 하지 않는데 그런 말을 하는 걸 보니 너무 속상한가 보구나!"와 같이 아이 마음을 먼저 공감해 준 다음,

"그런데 그런 말을 들으니 엄마가 너무 슬퍼."와 같이 내 마음을 아이에게 전하는 것이 좋다. 엄마가 먼저 침착하고 권위 있는 태도로 아이를 대하면 발로 차거나 때리는 행동을 하지 않는다.

친구 같은 엄마가 많다. 아이에게 다정하게 대해주고 세상에서 좋은 건 모두 주고 싶다. 야단치기보다는 타이르고 아이 말을 먼저 들어주려고 한다. 그러다 보니 아이가 왕인 경우를 종종 본다. 화가 난 아이는 엄마를 무시하고 때린다. 평소에 아이를 존중해주면 아이도 부모를 함부로 하지 않는다.

아이는 스펀지와 같다. 쏟아진 물 위에 스펀지를 올려놓으면 감쪽같이 물이 스며든다. 눈에 보이지 않지만 물을 가득 머금고 있다. 손가락으로 조금만 눌러도 물이 줄줄 새어 나온다. 엄마 아빠가 하는 행동과 말

을 스펀지처럼 머금고 있다가 툭 건드리면 흘러나오는 물과 같다. 엄마가 화가 났을 때 봤던 모습을 그대로 따라 한다. 어느새 작은 나를 보는 것 같다. '아이는 어른의 거울이다.'는 말은 그래서 나왔을 것이다.

아이의 언어습관은 0~6세 사이에 정착된다. 이 시기에 존댓말을 쓰고 바른말을 쓰면 예의 바르고 듣기 좋은 말을 사용하는 아이가 된다. 공격성을 가진 아이는 자극적인 단어를 자주 사용한다. 욕설을 하거나 강하게 내뱉는 말에 반응하면 더 자주 쓴다. 부모가 거친 단어를 쓰지 않더라도 또래나 미디어에서 듣고 재미있어서 따라 하는 경우도 있다. 공격성은 행동과 언어로 나타난다.

내면에 공격성을 가진 아이는 스트레스가 누적되어 어느 순간 터트린다. 행동으로 보이는 공격성과는 달리 자극적인 언어로 표현하기도 하고 반대로 전혀 말을 하지 않을 수도 있다. 자신을 잘 표현하지 못하는 성향이 행동으로 나타나 '틱'(tic disorder, 특별한 이유 없이 신체 일부분을 빠르게 움직이는 이상 행동이나 이상한 소리를 내는 것)이라는 증상을 보이기도 한다.

아이에게 자율성을 주는 것은 장차 주도성 있는 아이로 크게 하는 지름길이다. 스스로 선택할 기회를 많이 주고 어떤 일이 발생했을 때 "왜 그랬어?"라고 말하기 전에 "그랬구나." 하면서 아이의 마음에 공감해 준다. 엄마와 갈등을 최소한으로 줄일 수 있고 과한 몸짓으로 표현하는 것을 줄일 수 있다.

아이는 내게 온 가장 큰 선물이다. 처음에 받을 때는 조그만 씨앗이었는데 사랑을 주고 관심을 주니 뿌리를 내린다. 너무 소중한 선물이기에 튼튼한 뿌리를 내려 더 크게 성장할 수 있도록 도와주고 싶다. 적당한 물과 햇볕을 골고루 주며 바람 불어도 쓰러지지 않는 큰 나무로 키우고 싶다. 거름도 주고 가끔 영양제도 준다. 예고 없이 비집고 올라오는 잡초는 소중한 나무의 성장을 방해하니 뽑아주는 것이 좋겠다. 잘 자라줄 것만 같은 나무가 흔들리고 힘이 없어 보이면 조금 더 건강한 사랑을 주면 된다. 왜 아프냐, 왜 잘 크지 않느냐는 잔소리보다 햇볕을 줄 게, 바람을 줄 게, 물을 더 줄 게. 격려하면서 더 자주 바라보면 된다.

책과 함께 생각하기

삐딱한 창문, 삐딱한 굴뚝, 삐딱한 지붕, 언덕 위에 작은 집 삐딱이가 살았습니다. 삐딱이는 식구가 늘어날수록 몸도 마음도 삐딱해져 갔습니다. 아이들의 장난과 집이 좁다는 불평이 날로 심해졌기 때문입니다. 참다못한 삐딱이는 어느 날, 식구들을 버리고 나가 버립니다. 도시에서 새 식구들을 만나려고 말입니다. 하지만 여행길은 만만치가 않아요. 커다란 강을 건너야 하고, 어렵게 찾아간 도시에서도 사람들은 삐딱이를 거들떠보지도 않아요. 그러다 숲속에서 새까만 산적들까지 만납니다. 다행히 기지를 발휘해 산적들로부터 벗어났지만 엉덩이에 불이 난 삐딱이는 그만 언덕 아래로 굴러떨어집니다. 거기서 가족에게 버림 받은 커다란 빈집을 만나는데, 다음 날 일어나 보니 큰 집이 사라지고 없습니다. "내 가족이라고!" 삐딱이는 식구들을 큰 집에게 뺏기지 않기 위해 부리나케 언덕 위 집으로 달려가는데, 벌써 큰집이 떡하니 자리 잡고 있네요. 과연 삐딱이는 식구들과 다시 행복하게 살 수 있을까요.

– 김태호 『삐딱이를 찾아라』

💡 생각 질문1

공격적인 행동을 하는 아이에게 귀엽다고 봐 준 적이 있나요?

💡 생각 질문2

어떤 행동이 공격성일까요?

4. 훔치는 아이

〈8~10세〉

문방구는 과거 초등학교 등교 시간에 참새방앗간 같은 곳이었다. 알록달록 알사탕에 윤기 나는 큼직한 하얀 설탕이 발려 있던 눈깔사탕은 생각만 해도 입안에 침이 고이게 만든다. 아침이면 엄마에게 십 원만 줘요, 백 원만 줘요~ 하며 실랑이 벌이고, 겨우 받아낸 오십 원은 등에 진 책가방의 무게를 느끼지 못하게 만들었다. 엄마에게 용돈을 받아내지 못한 날이면 문방구 앞을 서성거리며 친구가 군것질하는 것을 바라만 본다. 준비물 사러 들어간 문방구에서 눈앞에 놓인 사탕을 먹고 싶은 마음이 용솟음치고 손은 이미 그곳을 향해 있다. 학용품을 산다고 다 써버린 용돈이 머릿속을 맴돈다. 사탕이 먹고 싶다. 돈이 없다. 손이 말을 듣지 않는다. 주인아줌마의 매서운 눈초리를 피해 얼른 손을 뒤로 숨긴다. 문을 나서는 순간, 아줌마가 날 부르며 손을 내밀어 보란다. 순간 등골이 오싹해지며, 허리춤 뒤로 감춘 손에서 얼른 알사탕을 바닥에 떨어뜨리고 만다. 사건의 진상을 알아본 아줌마는 불호령을 치고 어쩔 줄 몰라 눈물만 흘리는 난 수치심에 말문이 막힌다. 이미 고개는 땅바닥과 친구가 되어 있다. 엄마 모셔오라는 아줌마의 으름장은 지금 생각해도 심장을 쪼그라들게 한다.

아주 오래전 일이지만 어제 있었던 일처럼 생생하다. 그만큼 내겐 충격적인 일화였고, 그때 느꼈던 수치심과 급하게 뛰었던 심장 소리는 쉽게 잊히지 않는다. 사탕을 훔친 아이로 낙인찍힐까 봐 무서웠고 그 광경을 본 친구들이 도둑이라고 놀릴까 봐 겁이 났다. 알사탕 사건 이후 다시는 남의 물건에 손대지 않는 아이가 되었다. 교육학과 심리학을 전공하면서 발달심리를 알았다. 부끄럽던 과거가 그럴 수 있는 과거가 되면서 마음이 편해진다.

초등학교 3학년 혁이는 닌텐도 게임에 빠져 있다. 손에 쥐고 하는 작은 게임기는 아이에게 신나는 놀이 도구이고 친구들에게 자랑하고 싶은 물건이다. 일과 중 대부분을 닌텐도 게임으로 보내는 아들이 걱정된다. 혁이는 새로운 게임 칩이 출시되면 그걸 사달라고 떼를 쓴다. 스스로 조절해서 게임을 하라고 하지만 재미있는 놀이는 손에서 떨어지질 않는다. 퇴근하고 집에 돌아오니 어머니는 큰 근심을 안고 앉아 있다. 그리고 쏟아진 걱정과 질타는 나를 향해 있다. 낮에 동네 친구 집에 놀러 간 혁이가 그집 아이의 칩을 훔친 것이다. 어머니는 손자를 바로 키우지 못한 죄책감과 그런 물건을 사준 며느리를 원망하며 반나절을 한숨으로 보내고 있다. 며칠 전 새로 나온 게임 칩을 사달라며 졸랐던 아이의 얼굴이 생각난다. 갖고 싶은 욕구가 간절했던 그 칩이 친구 집에 떡하니 있으니 순간 그 욕구를 조절할 수 없었던 모양이다. 칩은 돌려주었고 친구에게 사과도 했다. 혁이는 그 이후 같이 놀러 갔던 친구들과 어울리지 않고 그 친구가 사는 골목으로는 다니지도 않았다. 한동안 친구를 우연히 마주치더라도 낯빛이 변하며 피한다. 할머니와 엄마의 야단보다 스스로 느끼는 수치심이 더 컸을 것이다.

아들의 행동이 처음에는 엄청난 충격이었다. 아이들을 가르치고 있는 엄마가 자기 아이도 제대로 못 가르치냐고 손가락질할 것만 같았다. 아이 일로 과거의 문방구 사건이 떠올랐다. 그 행동을 들켰을 때 얼마나 부끄럽고 무서웠는지를 알고 있다. 처음엔 그럴 수 있다. 그러나 나쁜 행동은 반복하지 않는 게 중요하다. 혁이의 행동이 무엇이 잘못되었는지 깨닫게 하고 다시는 그런 일이 없도록 약속한다. 그 사건 이후로 혁이는 닌텐도를 끊어 버렸다.

나의 문방구 사건은 혼자만 알고 있는 과거이다. 크면서 그때 느꼈던 내 마음이 남의 물건을 훔치면 안 된다는 양심의 발달로 이어지고 작은 아이가 큰아이로 커가는 과정이었다는 것을 지금은 안다. 만약 엄마가 알았다면 더 큰 상처로 남지 않았을까. 할머니는 손자가 큰일이 난 것처럼 걱정하고 야단을 친다. 나는 그럴 수도 있다고 말하지만 잘못된 행동은 단호하게 말해야 하며, 잊을만 하면 들춰서 아이의 치부를 건드리는 일은 절대 하지 않는다. 아이는 욕구를 조절할 줄도 알아야 한다는 것을 배웠다.

이미 오래전의 일이다. 혁이는 누가 봐도 바른 아이로 자랐다. 아이에게 처음 생기는 일을 대처하는 부모의 태도는 매우 중요하다. 성장을 하느냐 퇴행을 하느냐는 양육 태도에 달렸다. 아이를 키우면서 그럴 수도 있는 일이 세상이 끝나는 것 같은 문제로 느껴질 때가 어디 한두 번이랴. 물건을 훔친 내 아이가 '도둑이 되면 어쩌지?, 또 훔치면 어쩌지? 그 일로 놀림을 받으면 어쩌지?' 일어나지도 않은 일로 걱정하고 고민한다. 상상의 나래를 펴서 비현실적인 생각이 마치 현실에서 일어날 것 같은 두려움이 앞선다. 아이가 실수했을 때 부모의 가치관을 정확하게 표현해야 한다. 그런 후에 아이를 포용하고 감싸 안아야 한다.

부족할 것 없이 자라는 요즘 아이들이다. 옛날이야기를 하며 욕구 조절이 안 되어 훔친 내 이야기를 하고 있다. 내가 어렸을 때는 모든 것이 부족하고 모자랐다. 하고 싶은데 할 수 없는 게 너무 많았고 산골짜기 시골에 살아 문화적 혜택도 받지 못하고 자랐다. 그러다 보니 결핍이 많다. 하고 싶은 게 많다. 어쩌면 그런 성장 배경이 끊임없이 배우고 싶고 도전하게 만드는 원동력이 되었는지 모른다.

민혁이는 혼자 있을 때는 순하고 착한 아이다. 예의 바르게 말하고 배려도 잘한다. 친구가 있으면 민혁이의 모습은 완전히 달라진다. 친구가 던지는 말 한마디 한마디에 시비를 걸고 지지 않으려고 한다. 보드게임을 하면 지게 될까 봐 신경이 예민해지고, 지게 되면 표현할 수 있는 부정적인 말은 다 뱉어낸다. 민혁이 말을 듣고 그냥 있는 아이도 있지만 기분이 나쁘다며 싸움을 거는 아이도 있다.

민혁이 엄마는 세상에서 아이가 가장 예쁘고 사랑스럽다. 맞벌이라 할머니에게 우는 아이를 떼어 놓고 출근한다. 미안하고 안쓰러워 아이가 원하는 건 모두 사준다. 원하지 않아도 유행하는 장난감은 시리즈별로 사준다. 갖고 싶은 것은 말만 하면 '뚝딱'하고 내놓는 엄마이다. 집에서 가족과 하는 게임에서는 질 것 같으면 규칙을 바꿔버리면 되니 문제될 게 없다. 결핍이 전혀 없는 아이다. 엄마한테 말하면 모두 가질 수 있으니 남의 물건을 탐내지도 않는다. 친구가 듣기 싫은 소리를 하는 것도 참지 못한다. 집에서는 할머니와 엄마가 원하는 대로 모두 해주니 갈등이 생길 일이 없다. 그야말로 민혁이가 왕이다.

이런 생활을 하던 민혁이가 문제가 있다고 생각한 건 초등학교에 들어가서부터다. 담임선생님으로부터 사흘이 멀다고 전화가 온다. 반 아이들과 싸우고 선생님의 야단치는 소리를 견디지 못하고 운다. 스스로 해결되는 일이 없으니 울기만 한다. 엄마는 이때부터 자신의 양육 태도를 돌아보게 되고 전문가의 도움을 요청했다. 민혁이뿐만 아니라 상담을 하다 보면 필요한 게 없다고 말하는 아이들이 많다. 갖고 싶은 게 있으면 엄마 아빠가 모두 해결해 준다. 소원을 말해보라고 해도 마찬가지다. 친구보다 내가 가진 것이 더 많다고 생각한다. 당연히 심리적인 문제로 훔치는 경우 외에 욕구에 대한 결핍으로 남의 물건에 손을 대는 경우는 드물다.

갖고 싶은 건 모두 가질 수 있는 요즘 아이들이 훔치는 경우가 드물다고 얘기하고 싶은 것이 아니다. 문방구에서 사탕을 훔치고 친구의 물건을 훔치고 엄마의 돈을 훔치는 일은 성장하면서 나타나는 자연스러운 일이다. 자연스러운 일이지만 아이에게 잘못한 행동을 정확히 지적하고 피해 주체자에게 사과하는 것은 꼭 필요하다. 아이의 자존감을 생각하는 대처방법이 무엇보다 중요하다. 아이가 원하기에 앞서 욕구를 채워주는 것은 성장을 방해하는 것이다. 원하는 것을 얻는 데는 그만큼의 노력이 필요하다는 걸 깨달아야 한다. 시간과 노력을 들여서 얻어냈을 때의 성취감과 만족감을 느끼는 경험을 해야 한다.

소유의 개념이 생기지 않은 영유아기 때부터 내 것과 남의 것을 구분한다. 실수한 아이에게 수치심을 느끼지 않게 남의 물건을 돌려주도록 한다. 잘못된 행동을 바로잡아주고 아이의 욕구가 무엇이었는지 관찰하고 이해한다. 잘못했을 때도 나를 믿어주는 세상에 단 한 사람, 엄마가 있다. 그 사실만으로도 똑같은 실수를 반복하는 횟수는 줄어든다.

책과 함께 생각하기

세상에는 아이들을 유혹하는 것이 참 많아요. 훔치는 것이 나쁘다는 것은 모두 잘 알고 있지만 막상 갖고 싶은 물건이 눈앞에 놓여 있고 지켜보는 사람이 없다면 상황은 조금 달라집니다. 이 책은 동네 문구점에서 빨간 지우개를 훔친 뒤 불안감과 죄책감에 괴로워하는 아이의 내면을 섬세하게 표현하고 있습니다.

국어 공책을 사러 문구점에 갔다가 지우개를 훔쳤다. 지우개를 꼭 갖고 싶은 것도 아니었는데…… 새빨간 지우개를 보고 있자니 자꾸만 무서워졌다. (중략) 빨간 지우개를 훔치고 나서 유미랑 한 약속을 어겼다. 매미 날개도 잡아 뜯었다. 나는 자꾸만 나쁜 사람이 되어 간다. 아빠랑 엄마랑 유미도, 고우랑 다른 애들도 모두 나를 싫어하게 될 거다. 그런 건 싫다. 절대로 싫다. 부엌에 가서 엄마에게 빨간 지우개를 보여 주었다.

– 후쿠다 이와오 『빨간 매미』 중에서

💡 생각 질문1

결핍 없는 아이는 행복할까요?

💡 생각 질문2

실수를 저지른 아이에게 어떤 태도를 보이나요?

5.
자기 것만
챙기는 아이
〈3~10세〉

　멀리 사는 친구네 집들이로 오랜만에 친한 친구 세 명의 가족이 한곳에 모였다. 유치원에 다니는 혁이와 친구 아이는 어색함도 잠시 곧잘 어울린다. 놀이가 한참 무르익을 무렵 불협화음이 들리기 시작한다. 무조건 자기 것이라며 손도 못 대게 하는 혁이 때문에 문제가 생긴다. 조금 있으니 엄마 아빠가 가지고 온 물건까지 영역을 표시하며 다른 사람들이 만지지도 못하게 한다. 집에서 볼 수 없던 행동을 하는 아이가 당황스럽다. 이기적인 아이로 비쳐지는 아이 모습이 부끄럽기도 하다. 별거 아닌 것에 집착을 보인다. 가지고 온 가방은 아예 품에 안고 내려놓지를 않는다. 그때부터 집에 가자며 조르기 시작한다. 친구의 아이는 하지 않는 행동을 내 아이가 하니 걱정스럽다. 아이 마음에 뭐가 있는지 궁금하다.

　외동인 혁이는 집에 있는 장난감이며 책등 놀잇감 모두 혼자 쓴다. 같이, 함께라는 말을 잘 들어보지 못했던 아이는 친구와 함께 사용하는 것이 불편하다. 내 것이 없어질까 봐 불안하다. 뒤돌아보니 집이 아닌 곳에서는 늘 자기 물건은 물론이고 엄마 아빠 것까지 챙긴 아이의 모습이 떠오른다. 학교에 들어가서는 자기 물건을 한 번도 잃어버린 적도 없다. 이기적이고 양보를 잘 하지 않는 아이의 모습은 내가 그린 아이의 모습이 아니다. 엄마가 사람들에게 나눔을 하는 모습을 보고 못 견뎌 한다. 엄마 물건인데 왜 주냐며 펄쩍 뛴다. 분명 잘못됐다. 아이의 양육 환경을 돌아보고 양보하고 배려심 있는 아이로 키우고 싶다.

바쁘다는 핑계로 또래와 어울리게 한 시간이 적었던 혁이에게 주말이면 무조건 친구와 함께 놀게 했다. 온종일 모든 것을 손자 눈높이에 맞춰서 놀아주던 할머니께도 부탁한다. 밖에 나가서 뛰어놀게 하고 나무도 보고 자연을 느낄 수 있는 시간을 많이 주라고. 가족끼리 배려하는 모습을 자주 보여 준다. 친구와 놀면서 양보를 하면 놀이가 훨씬 재미있다는 걸 느끼게 하고 양보를 했을 때 격려와 칭찬을 아끼지 않는다. 단기간에 변하지 않지만 부모가 해 줄 수 있는 최선을 다한다. 고학년이 되면서는 자기 것도 챙기고 친구 것도 챙기는 아이가 되었다. 학교 선생님이나 친구들에게 외동인 것 같지 않다는 말도 들었다. 원인을 알고 양육방식을 바꾸니 아이가 달라졌다.

수현이는 자기물건을 잘 못 챙기는 아이다. 학교에 가면 필통부터 자기 옷까지 항상 하나는 빠뜨린다, 물건을 챙겨오지 못하는 아이가 엄마는 걱정이다. 그런 일상이 반복되니 야단도 치고 타이르기도 하지만 아이의 습관은 쉽게 고쳐지지 않는다. 겨울 외투를 잃어버려서 학교에 다시 간 적이 한 두 번이 아니다. 야단을 치면 "내가 거기 뒀었는데 다른 친구가 가져갔어요."라는 말로 변명을 늘어놓는다. 처음엔 '그럴 수도 있지.'라고 이해했던 아이의 행동이 점점 횟수가 늘어나고 중요한 물건까지 챙기지 못하는 걸 보고 답답하다. 등교하는 수현이에게 오늘은 물건을 제대로 잘 챙겨오라고 엄마가 신신당부한다. 하교 후 아이의 가방을 보면 이번엔 옷이 아니라 물통이 빠져있다. 엄마는 어쩌면 좋으냐고 하소연을 한다.

수현이는 어떤 부분에서는 주의력이 떨어진다. 재미있는 놀이가 있으면 그것만 생각하느라 다른 것들은 신경 쓰지 않는다. 어느 일요일, 가족끼리 교회에 간 날, 마당에 장터가 열린 걸 보고 신기해서 구경하다가 집으로 가는 버스를 놓쳐 버렸다. 오빠를 기다리던 어린 동생은 혼자 버스에 남게 되어 하마터면 길을 잃어버릴 뻔했다. 왜 그랬냐고 물어보니 "거기 내가 좋아하는 세계 여러 나라의 특산품들이 있어 그걸 구경하느라 시간이 그렇게 흘렀는지 몰랐어요!"라고 대답한다. 이번엔 변명이라기보다 동생을 혼자 태워 보낸 미안함과 잘못을 인정하는 말투다. 마음과 다르게 움직이는 자기의 몸이 가끔 못마땅하기도 하다.

수현 엄마는 아이가 물건을 잃어버릴 때마다 야단부터 친다. 내일 당장 찾아오라는 말을 하며 아이 행동이 잘못되었다는 것을 일깨워 준다. 이렇게 야단을 맞을 때마다 수현이는 자기의 잘못을 깊이 뉘우칠까? 대부분의 아이는 엄마의 잔소리로 생각하고 빨리 끝나기만 기다릴 것이다. 아이가 왜 그렇게 자주 물건을 잃어버리는지 원인부터 찾아야 한다. 놀이에서 하나에 몰입하지 못하고 이것저것 부산스럽게 늘어놓는지를 관찰한다. 어릴 때부터 자기가 가지고 놀았던 장난감은 정리할 수 있도록 도와준다. 힘들어하면 엄마가 함께 참여하며 정리정돈 하는 것도 놀이처럼 즐겁게 느끼도록 한다. 지금도 늦지 않다. 일과를 되돌아보는 시간을 갖는다. 아이가 하루 동안 뭘 했는지 취조하는 듯한 질문은 금물이다. 생각이 잘 나지 않는다고 하면 특히 즐거웠던 일 한 가지만 이야기해도 좋다. 그때의 기분과 느꼈던 감정을 나누고 공감하는 시간을 갖는다. 물건을 잃어버리고 오는 아이에게 일과를 공감했던 것처럼 엄마의 속상한 마음을 전달한다. "수현이가 자꾸 물건을 잃어버리니 엄마가 속상하구나. 이건 모두 수현이의 소중한 물건인데, 소중한 것을 잘 안챙기는 것 같아 조금은 실망이구나. 이것보다 더 소중한 것들을 잘 챙기지 않게 될까봐 걱정되는구나."와 같은 말로 진지하게 이야기한다. 야단보다 엄마 마음을 전달하는 것이 효과적이다.

　일상생활 습관은 영유아기 때 형성된다. 나 자신의 배려를 위한 활동으로 옷을 입고 벗기, 밥 먹기, 청소하기, 코 풀기 등 일상에서 내가 해야 하는 모든 것들은 훈련을 통해 스스로 하는 즐거움을 만끽해야 한다. 나에 대한 배려가 되는 아이는 타인에 대한 배려, 환경에 대한 배려도 일상으로 훈련된다. 자신에 대한 배려가 되는 아이들은 물건을 소중히 다루고 잘 챙긴다. 내 주위에 있는 모든 환경은 나를 위해 존재한다.

수현이와 혁이의 사례는 정반대이다. 너무 잘 챙기는 아이와 잘 흘리고 다니는 아이의 차이는 유아기에 있다. 혁이는 할머니의 꼼꼼함으로 내 것에 대한 집착이 많다. 혼자 있을 때는 문제가 되지 않던 것이 사회생활을 하면서 이기적이고 배려심이 없는 아이로 보인다. 자기 자신에 대한 배려로 스스로 익혀야 할 습관들이 할머니가 대신해주며 자랐다. 스스로 하지 않았지만 할머니가 하는 것을 보고 집이 아닌 곳에서는 할머니가 했던 것처럼 자기가 챙긴다. 집에서는 할머니가 다 해주니 챙길 필요가 없다. 혁이는 주변이 깨끗하게 정리된 생활이 일상이다. 놀다 잠이 들면 할머니가 깨끗하게 정리를 해 놓는다. 스스로 정리하지 않아도 잔소리하지 않는 할머니가 있다. 결코 장점만은 아닌 양육 환경이지만, 이런 환경 때문에 챙기는 건 잘한다.

수현이는 말을 늦게 시작했다. 늦게 시작한 말을 다 쏟아내기라도 하듯 또래 아이들보다 말을 많이 하고 쉴새 없이 질문한다. 엄마 아빠는 그 말에 모두 반응해 줄 만큼 에너지가 없다. 말 좀 그만하라고 하기도 하고 무시해 버리는 경우도 있다. 방과 후에는 도우미 아주머니가 동생과 함께 돌봐준다. 하고 싶은 말이 많은 수현이는 이 말 저 말 하다가 놀잇감으로 관심을 돌린다. 저녁에 만난 엄마 아빠는 퇴근 후에 할 일이 더 많다. 수현이의 말에 일일이 대꾸해 줄 여유가 없다. 아이의 말은 허공으로 맴돌고 혼자 중얼거리는 시늉이 되고 만다. 잘 챙기지 못하는 습관은 부모의 눈높이 대화법으로 조금씩 고칠 수 있다. 두서없이 말하는 아이의 말을 맞받아쳐 주며 짧게라도 상호작용하는 시간을 가지는 것이 좋다. 대화를 해 보면 아이의 중심 생각이 무엇인지 알 수 있고, 앞뒤 생각을 정리할 수 있게 도와 줄 수 있다. 어수선한 일과와 시간의 흐름을 느껴가며 미처 깨닫지 못한 자기의 행동을 알아차리는 시간이 될 수 있다.

발달상 4세까지 자기중심적 사고를 한다. 내가 배가 고프면 엄마 아빠도 배가 고플 것이라고 생각하는 사고다. 이 시기까지는 나눈다는 것은 의미가 없다. '내꺼'라는 말을 가장 많이 하는 시기이기도 하다. 내가 가장 중요하고 나 이외의 사람은 생각하지 않는다. 사회성과 배려심을 가르치겠다고 나누어 먹기, 나누어 쓰기를 지나치게 강조하면 역효과가 나기도 한다. 부모가 모델링으로 보여주고 아이에게는 강요하지 않는다. 과자를 양손에 쥐고 있어도 친구에게 하나를 건네지 않는 때이다. 한 손에 있는 과자를 양보한다는 것은 다른 한 손에 과자가 있더라도 내 것을 빼앗긴다는 뜻이다. 반대로 내 것을 아끼는 습관을 기르기에 좋은 시기이기도 하다. 내 것이니 소중하고 아껴야 함을 가르치면 된다. 지나치게 강조하면 혁이처럼 인색해지니 조율이 필요하다.

자기 것만 챙기는 아이와 자기 것도 잘 챙기지 못하는 아이의 차이점은 별반 다르지 않다. 유아기의 발달특징을 알면 습관을 잘 들일 수 있다는 공통분모가 있다. 부모는 자기 것을 잘 챙기고 남의 것도 챙겨주는 배려심 많은 아이로 자라길 바란다. 지금 내 아이의 상태를 정확히 관찰하고 원인을 분석하여 조급해하지 말고 처음부터 천천히 시작하면 된다. 이기적이고 자기 것만 챙기는 아이에게는 나눔과 배려하는 삶을 보여주고, 잘 챙기지 못하는 아이에게는 공감과 내 것의 소중함을 알게 한다.

"선생님이......., 늘 혼내기만 했구나. 미안해. 참 잘 썼네. 정말 좋은 소원이구나." 선생님이 칭찬을 하다니! 나는 깜짝 놀랐어. 이렇게 빨리 소원이 이루어질 줄이야. 그날 밤, 선생님이 우리 집에 전화를 했어. 엄마는 선생님과 오래오래 이야기를 나누었지. 전화를 끊고, 엄마는 언제나 동생을 안아 주듯이 나를 안아 주었어. 동생이 부러운 듯 쳐다보잖아. 그래서 내가 동생을 안아 주었어. "너희 둘 다, 엄마한테는 보물이란다." 엄마는 나와 동생을 한참동안 안아 주었어.

– 구스노키 시게노리 『혼나지 않게 해 주세요』 중에서

💡 생각 질문1

이기적인 아이의 모습에서 발견한 내 모습이 있나요?

💡 생각 질문2

스스로 하는 아이를 기다려 주지 못한 적은 없나요?

6
친구와 잘 어울리지 못하는 아이
〈5~10세〉

내성적인 나는 낯가림이 심해서 아직도 오랜만에 만난 친구와는 서먹하다. 해야 할 일이 공부밖에 없었던 여고 시절에도 친구와 와자지껄 떠들며 어울렸던 기억은 거의 없다. 《써니》라는 영화를 보며 '참 재미있는 추억이다. 영화지만 현실에서 저런 추억이 있으면 좋겠다'는 생각을 했다.

혼자 있는 시간이 많고 쉬는 시간에도 눈에 들어오지 않는 책을 보며 시간을 보내곤 했다. 등교해서 친구에게 말 걸기가 쉽지 않은 성격에 스스로 위로하기 위해 전날 나에게 주는 쪽지 편지를 서랍에 넣어두기도 했다. 학교에 와서 가장 먼저 쪽지를 펼친다. 그러면 기분이 좋아지고 용기가 생기기도 한다. 친구에게 말 걸기가 어려웠다. 누군가 먼저 다가와서 말 걸어 주기를 기다렸다.

이런 나의 옛날을 기억나게 한 8살 지후는 친구와 어울리는 게 불편하다. 친구를 사귈 줄 모르는 아이가 걱정된 엄마는 일부러 반 친구들과 어울리게 해 보지만 엄마도 외향적인 성향이 아니라 힘들다. 요즘은 아이들끼리 친해지려면 엄마부터 친해져야 한다. 그렇게 다가가기 힘든 엄마들인데 먼저 다가와 준 엄마가 있다. 자기 아이랑 친하게 지냈으면 좋겠다고 한다. 그날 이후로 지후와 친구는 집을 드나들며 친한 친구가 되어 가고 있었다. 그런데 지후 엄마가 본 그 친구는 여러 가지로 마음에 들지 않는다. 욕심도 많고 아직 어리숙한 지후를 이용하려고 하는 모습이 눈에 띄게 보인다. 가끔 거짓말로 위기를 모면하려고도 한다. 설상가상으로 학교에 상담하러 갔더니 선생님도 좋게 평가하지 않는다. 집에 돌아온 엄마는 지후에게 그 친구랑 안 놀았으면 좋겠다는 말을 전했다. 힘들게 사귄 친구와 놀지 말라는 엄마가 이해가 안 되지만 자연스럽게 멀어진다. 그 후로 친구에게 다가가기가 더 힘들어진 지후는 학교에서 늘 혼자다. 쉬는 시간에는 혼자 그림을 그리거나 책을 본다. 친구들 놀이에 끼고 싶지만, 용기가 나지 않는다. 또래 아이들보다 행동이 느리고 잘 우는 지후는 감성도 예민하다. 친구가 자기를 좋아하지 않는 느낌이 들면 주눅이 들고 의기소침해서 뒷걸음질 친다. 엄마는 아들의 친구를 만들어주고 싶다. 나와 놀이를 하며 많이 밝아진 지후가 친구를 집으로 데리고 온다. 엄마는 친구에게 자기가 가진 모든 걸 다 주고 싶어 하는 아들이 못마땅하다. 아들이 손해를 보는 것 같다. 하루가 멀다하고 집으로 친구를 데려오는 지후를 막을 방법을 생각해낸다. 꼬마 손님이 귀찮기도 하다.

지후 엄마는 친구가 없는 아이가 걱정되면서도 아이가 스스로 관계를 맺어 나가는 것을 방해하고 있다. 처음 사귄 친구가 나쁜 아이라는 평가를 받더라도 지후가 선택할 수 있게 해야 한다. 선생님과 어른에게 나쁜 평가를 받은 친구지만 지후에게는 아직도 소중한 친구로 남아있다. 지나친 간섭은 아이의 사회성 발달을 방해한다. 지후는 또래 아이들보다 정서발달은 느리지만 인지발달은 빠른 편이다. 약삭빠른 친구와도 어울리며 친구의 장단점을 스스로 느끼고 깨닫는 시간이 있어야 한다. 그래야 한 발짝씩 성장한다. 부모의 마음은 내 아이가 늘 훌륭하고 좋은 친구와 사귀었으면 한다. 그런 마음으로 부모가 먼저 아이의 친구 관계에서 가지치기해버린다면 수동적인 아이로 자라게 된다.

지우는 마음 맞는 친구가 없다. 엄마와 함께라면 같이 놀 친구가 있지만 친한 친구가 없어서 늘 혼자다. 같은 동네에 사는 친구를 초대해 놀수 있는 환경을 마련해 주지만 어느 순간 따로따로 논다. 지우의 놀이 속을 들여다보니 여자아이들이 좋아하는 놀이와는 달랐다. 친구가 소꿉놀이하자고 해서 펼치면 이야기의 주제는 다른 곳으로 가 있다. 동물을 좋아하는 지우는 소꿉놀이에서도 책에서 봤던 이야기를 장황하게 펼쳐놓는다. 지우의 이야기가 따분한 친구는 이내 흥미를 잃는다. 놀이를 자기가 주도적으로 이끌려 하고 따라와 주지 않는 친구와는 재미가 없어져서 각자 놀게 된다. 집에서 엄마와 지우의 대화는 단편적이다. 학교생활을 물어보면 "좋았어." 한마디로 끝나고 조금 더 질문하면 짜증을 낸다.

표현하기가 어려운 지우는 엄마의 질문이 부담스럽다. 엄마도 지우의 놀이에 쉽게 접근하지 못하고 어려워한다.

　행복연구소 놀이방에서 나와 함께 놀이하는 지우의 표정은 생동감이 넘친다. 자기 이야기를 한 번도 공감받지 못했던 아이는 이야기를 들어주고 거기에 맞장구까지 쳐주는 선생님과의 놀이가 재미있다. 만날 때마다 다양한 주제로 함께하는 놀이에 푹 빠진다. 지우와 신뢰감이 형성되었을 때 내가 좋아하는 놀이를 하고 싶다는 이야기를 했다. 조금 수긍해주더니 금방 재미가 없다며 자기가 원하는 놀이로 정해버린다. 그때의 내 감정을 지우에게 정확하게 전달한다. "맨날 지우가 하는 놀이를 재미있게 했는데, 선생님이 하고 싶어 하는 놀이를 거절하니까 속상해." "선생님이 하고 싶은걸 해 보고 싶어." "오늘은 네 놀이가 재미가 없어." 재미가 없다는 반응에 눈빛이 흔들린다. 지우는 친구의 감정을 잘 공감하지 못한다. 놀이에서 자기감정을 표현하고 다른 사람의 마음도 공감해 주는 연습을 한다. 처음 만났을 때 감정표현을 가장 어려워했던 지우다. 오직 사랑하는 엄마에 대한 표현만 할 뿐이다. 내 생각에 갇혀 있어서 다른 사람의 생각을 읽으려고 하지도 않고 중요하게 생각하지도 않는다. 친구가 화가 나도 나와는 상관없는 일이라고 생각한다. 그렇게 혼자 하는 놀이에 익숙해져 있던 지우는 함께 놀이하는 즐거움을 알게 되면서 즐거운 감정을 표현하기 시작한다. 선생님의 "재미없어."라는 말에 반응하고 함께 즐거운 놀이를 찾으려고 한다.

　지우는 세 살 아래 여동생이 있다. 사랑을 독차지하고 있다 태어난 동생은 지우를 위협하는 존재다. 조용한 지우와는 달리 동생은 명랑하고 활발하다. 귀여움과 사랑스러움으로 관심을 독차지하는 느낌이다. 동생이 하는 행동을 따라 하기도 하고 퇴행 현상을 보이기도 한다. 예쁘다는 표현을 싫어하고 귀엽다는 표현을 좋아한다. 동생처럼 되고 싶기 때문이다. 동생은 언니가 하는 건 모두 다 해야 하는 욕심쟁이다. 발달이 빠르고 하고 싶은 것이 많은 아이다. 어리지만 뭐든지 하려 하고 배움이 빠른 동생과 지우는 대조적이다. 낮에 보육을 맡은 할머니의 관심도 동생이다. 지우는 혼자 노는 시간이 많아지고 어린 동생과 정서 발달이 비슷해진다. 6~7살 아이들이 좋아하는 방귀와 똥에 크게 반응한다. 엄마는 많이 줬다는 애정이 지우에게는 아직도 더 많이 필요하다. 동생보다 자기를 더 바라봐주기를 바란다. 몸은 큰 아이지만 내면은 아직 아기인 상태이다.

놀이도 그렇다. 엄마는 지우에게 동생이 보지 않는 곳에서 사랑한다는 표현을 더 많이 하고 아이가 느끼는 애정을 듬뿍 주어야 한다. 대화를 끌어내 자주 이야기하고 공감하는 시간을 갖도록 한다. 익숙하지 않은 딸과의 대화가 처음엔 어렵지만 자주 하다 보면 연결고리가 생기게 된다. 지우가 한마디 대답하고 말문을 닫아버리면 무슨 말을 어떻게 꺼내야 할지 모르겠다고 말한다. 동생은 한 마디 던지면 끝도 없이 재잘거리는데 지우는 그렇지 않으니 난감하다. 엄마의 감정표현부터 자연스럽게 하는 모습을 보여주면 된다. 오늘 일상에서 있었던 사소한 이야기를 감정표현과 섞어가며 하면 된다. 듣고만 있던 아이도 어느 날 말문을 열기 시작하게 된다. 일 년의 시간 동안 지우는 조금씩 달라졌고 엄마도 큰 노력을 했다. 아이들은 관심과 사랑을 주면 금세 달라지는 모습을 볼 수 있다.

내가 어렸을 때는 동네 어귀에서 나이가 적든 많든 어울려서 시간 가는 줄 모르고 놀았다. 나처럼 내향적인 아이도 스스럼없이 어울리고 동네에 많은 아이 중에도 친구와 관계 맺기를 어려워하는 경우는 드물었다. 아이들의 놀이환경은 부모세대가 자랄 때와는 비교도 할 수 없을 정도로 많이 변했다. 요즘의 아이들은 같이 놀 친구도 많지 않다. 너무 어릴 때부터 기관에 보내지고 부모와 함께 하는 시간도 부족하다. 영유아기 때부터 엄마 아빠와 함께 하는 놀이는 나중에 사회성 발달에 큰 영향을 미친다.

잘 노는 아이가 잘 큰다. 부족한 시간을 쪼개어서라도 일생에 단 한 번뿐인 유아기를 행복한 추억으로 채워야 한다. 놀아 줄 줄을 몰라서…… 라고 하는 부모는 여행을 자주 가기도 한다. 아이들에겐 여행보다 엄마 아빠와 함께 놀이하는 그 시간만으로 충분히 행복감을 느낀다. TV에서 어떤 연예인이 가족과의 추억을 이야기하는 걸 봤다. 바쁜 부모님이 오랜만에 시간을 내어 가족과 여행을 갔다고 한다. 휘황찬란한 호텔과 여행지에서의 관광보다 아빠와 함께 고생하며 라면을 끓여 먹었던 장면이 기억에 남는다고 한다. 엄마한테 들킬까 봐 아빠와 작전을 벌이며 나눴던 대화와 그때 느꼈던 감정이 아직도 생생하다고 한다. 그 연예인은 엄마 몰래 라면 먹기가 놀이로 기억되었을 것이다. 친구와 잘 어울리지 못하는 아이를 너무 걱정하지 말자. 어릴 때 가족과 아름다운 추억, 가족 안에서 공감받는 대화와 인정은 사회성이 부족한 아이를 언젠가 세상에서 빛을 보게 할 거름이 되게 한다.

책과 함께 생각하기

함박눈 내리는 밤, 혼자 잠이 깬 아이는 집 잃은 아기 고양이를 만납니다. 그렇게 고양이 집을 찾아 떠나는 둘만의 비밀스런 모험이 시작됩니다. 둘은 길에서 커다란 개, 작은 생쥐, 검은 고양이를 만나 이야기를 나눕니다. 갑자기 떠난 한밤중 모험을 통해 고양이와 아이는 아주 조금 성장을 합니다. 세상을 살면서 우리 아이들은 계속 성장해나갑니다. 하루하루 세상과 부딪히고 다양한 사람을 만나면서 자신도 모르게 성장하고 있습니다.

– 강풀 『안녕, 친구야』

💡생각 질문1

아이의 친구 관계에 간섭을 해야 할까요?

💡생각 질문2

친구 때문에 힘들어 하는 아이에게 해 줄 수 있는 말은 무엇인가요?

7.
거짓말 하는 아이
〈5~10세〉

　31개월 정우가 놀이방에서 재미있게 놀고 난 후 들어올 때 가지고 온 젤리통 뚜껑을 연다. 정우가 제일 아끼는 보물이다. 한 개를 꺼내 자기 입으로 쏙 넣고는 맛있다는 표현을 한다. 만난 지 두 번밖에 되지 않은 나에게 소중한 걸 나눠 줄까 궁금해 "선생님도 너무 먹고 싶어."라고 말해 본다. 선뜻 "이거 선생님 먹어요."라고 건네는 정우를 보고 엄마도 깜짝 놀란다. 좀처럼 있을 수 없는 일이라고 한다. 그만큼 놀이가 만족스러웠고 재미있었나보다고 한다. 다음 주, 수업을 마치고 젤리를 꺼내 먹는 정우에게 똑같은 말을 한다. 이번엔 "젤리 없어요." 거짓말을 한다. 엄마와 나는 눈앞에 보이는 거짓말을 하는 아이를 보고 웃음이 터진다. "저렇게 거짓말을 하는 걸 보면 이제 머리가 크고 있구나 하고 생각이 들어요." 하는 엄마의 반응이다. 아이의 거짓말을 자연스럽게 받아들이는 엄마의 모습이 인상적이다. 대부분 엄마들은 "선생님, 아이가 뻔히 보이는 거짓말을 하는데 그냥 내버려 둬야 하나요?" 자주 물어본다.

> 거짓말은 아이의 뇌가 성장하면서 자신이 원하는 것을 어떤 방식으로 얻을 수 있는 탐구하는 과정이다.
>
> — 안젤라 에반스, 심리학자

아이는 3~4세가 되면 거짓말을 하고 커가면서 점점 더 지능적인 거짓말을 한다. 5세경부터는 상상 거짓말을 하고 아이 자신도 현실인지 상상 속의 이야기인지 구분을 못 할 때도 있다. "그건 거짓말이잖아. 넌 왜 자꾸 꾸며서 이야기를 하니?"라는 핀잔을 주기보다 거짓말하는 아이의 마음을 먼저 읽어야 한다. 동화 속의 이야기를 착각하여 현실의 생활과 연관 지어 이야기를 하는 경우도 있다. 좋아하는 동화 속 캐릭터가 현실로 나와 마치 자기가 주인공이 된 것처럼 이야기하기도 한다. "너도 눈의 여왕처럼 되고 싶은가 보구나." 아이의 마음에 공감을 해 주고 "그건 어제 엄마와 읽었던 동화책에서 나온 이야기야."라고 사실을 확인시켜 주면 된다. 상상 거짓말을 하는 시기가 지나면 인정받고 싶어서 하는 거짓말을 하기도 하고 잘못한 행동에 대한 야단을 피하기 위해서도 한다.

초등학교 아이들이 잘하는 거짓말 중 하나는 "숙제 다 했어?"에 대한 대답이다. 엄마가 보기엔 분명하지 않은 숙제를 태연스럽게 "네!"라고 대답한다. 거기서 확인작업으로 들어가면 아이와 엄마의 갈등은 시작된다. 숙제를 하지 않았다는 사실보다 아이가 거짓말을 한다는 사실에 화가 난다.

8살 혜민이는 거짓말을 잘한다. 엄마는 "선생님, 쟤는 입만 열면 거짓말을 해요!"라며 딸을 보는 눈빛이 곱지 않다. 혜민이는 어릴 때부터 아빠를 무척 잘 따르고 성향도 아빠와 비슷하다. 남편에 대한 불만이 많은 엄마는 딸을 볼 때마다 남편을 보는 것 같아 싫다. 동생을 바라보는 눈빛과 혜민이를 볼 때의 눈빛은 확연히 다르다. 아빠 바라기인 혜민이는 바쁜 일 때문에 자주 만날 수 없는 아빠가 그립다. 동생에게 주는 엄마의 사랑스러운 눈빛과 말투를 느낀다. 엄마의 관심을 받고 싶어 동생처럼 행동하고 말도 해 보지만 그럴수록 엄마의 반응은 더 차갑다. 똑똑하고 명랑한 혜민이는 어느 날부터인가 말수가 줄고 표정이 어두워진다. 계속되는 엄마와의 갈등으로 음성 틱도 생긴다. 숙제를 확인하는 엄마에게 늘 "다했어요."라고 거짓말을 한다. 진짜 숙제를 하는 것처럼 그럴듯하게 속이는 딸이 엄마는 더 밉다. 엄마의 입 밖으로 나오는 말은 부정적인 말들로 가득하다. 이제 엄마의 그런 협박과 야단은 신경 쓰지 않는다. 혜민의 진심은 엄마의 관심과 사랑을 받고 싶은 것이다. 아빠를 더 좋아한다는 말 속의 진심은 아빠한테라도 사랑을 받고 싶은 마음이다. 처음에 했던 거짓말의 시작은 하기 싫은 숙제를 다 했다고 말하며 엄마에게 칭찬과 인정을 받고 싶은 마음이었다. 딸의 행동이 걱정된 엄마가 나를 찾아왔을 때의 상태들이다. 표정은 어둡지만 8살 아이의 천진함은 있다. 똑 부러진 성격에 영민하다. 자기감정을 숨기려고 하고 나한테도 거짓말을 한다. 능력을 과시하고 싶어하고 승부욕도 강하다. 혜민이가 가진 장점을 칭찬하고 격려해 주기를 반복해 주었다. 매주 만나는 선생님에게 듣는 칭찬과 격려는 혜민이를 기분 좋게 만들고 자기 이야기를 할 수 있게 만들어 준다. 마음속 이야기를 할 때면 "엄마한테는 비밀이에요."라고 한다. 아이에게 신뢰감을 주고 엄마도 혜민이가 하는 말은 거짓말을 해도 그냥 믿어주라고 부탁했다. 신뢰감이 형성된 후부터는 거짓말에 대한 것을 정확하게 짚어준다. 거짓말을 해서 화가 난다고 표현하기보다 솔직하게 얘기하지 않는 것에 대한 서운함을 표현한다. "나도 다 알고 있는 사실을 넌 왜 그렇게 말하니? 왜 거짓말을 하니? 그거 거짓말이잖아."라고 아이를 몰아세우지 말아야 한다. 내 마음을 전했을 때 혜민이의 흔들리는 눈빛을 본다. 그 후론 거짓말을 했다가도 가만히 쳐다보고 있으면 "선생님, 사실은 아니에요. 거짓말이에요. 히히"라고 말하며 웃는다. 아이의 긍정적인 면을 보려고 노력하고, 인정받고 싶은 욕구가 강한 딸의 마음을 이해하니 엄마의 태도도 많이 달라진다. 표정이 부드러워지고 딸을 보는 눈빛이 예전과 다르다. 툭하면 거짓말을 한다고 아이가 듣는 곳에서도 불만을 터트리던 엄마는 일단 아이를 믿어주기로 한다. 너무 과한 거짓말을 하면 "그건 아닌 것 같은데, 엄마한테 솔직하게 얘기해 주면 기쁠 것 같아."고 말한다. 거짓말도 지능적으로 한다고 표현하던 엄마는 이제 웃으며 이야기한다. "가끔 속아주고 믿어주니 알아서 하네요."

성훈이는 7살이지만 일과가 바쁘다. 유치원을 다녀온 후로 시작되는 새로운 일과들이 많다. 아들을 잘 키워보고 싶은 엄마는 성훈이에게 필요하다고 생각하는 것들을 요일별로 정해놓고 데리고 다닌다. 너무 과하지 않냐는 말에 아이가 원해서 하는 일이라고 한다. 어릴 때부터 시작된 조기교육으로 또래 아이들보다 인지발달이 빠르다. 보드게임을 좋아해서 행복연구소에 오면 하고 싶은 게임을 고르느라 분주하다. 어릴 때부터 하고 싶은 것을 스스로 선택하기보다 엄마가 권한 놀이와 교육을 받은 성훈이는 아기 같다. 원하는 것을 할 수 없으면 "잉, 엄마한테 갈 거야! 싫어 싫어"라며 떼를 쓴다. 7살이 잘 쓰지 않는 어리광이 많이 묻어나는 말투다. 보드게임 속에서는 자기가 선택하고 결정한 대로 결과가 나오니 놀이에서 만족감을 느낀다. 이기면 환호하고 지면 만족스럽지 못한 결과에 화를 내거나 보드판을 뒤집는 등의 행동을 한다. 선생님 몰래 속임수를 쓰기도 한다. 이기기만 하면 된다는 생각으로 수단과 방법을 가리지 않으려고 한다. 정해진 규칙을 따르지 않고 자기가 이길 수 있는 규칙을 다시 정하자고 제안한다.

인지발달과 정서발달의 불균형은 도덕성에 문제를 일으킨다. 정서가 미흡한 인지는 맹목적이기도 하다. 이기고 싶은 마음에 속임수를 쓰고 현실에서도 자기가 유리한 쪽으로 거짓말을 한다.

성훈이는 다른 사람의 마음을 잘 읽지 못한다. 기분과 감정을 이야기할 때는 멍하게 바라만 보고 있고 자기감정을 표현하는 것도 힘들어한다. 보드게임 중에 '딕싯'이라는 공감하기 게임이 있다. 자기 차례가 되면 그림카드 한 장에 주제를 정해서 내려놓는다. 주제는 자기의 감정이나 하고 싶은 말을 명사나 문장으로 자유롭게 표현하면 된다. 주제를 정한 사람의 이야기를 듣고 그와 비슷한 느낌의 내 카드를 내려놓는다. 카드를 섞어놓고 조금 전 주제를 말한 사람의 카드를 알아 맞히는 게임이다. 성훈이는 자기 차례가 되면 어떻게 이야기해야 할지 모르고 다른 친구의 카드를 알아 맞히는 것도 힘들다. 이 게임은 표면적으로 보이는 그림을 그대로 이야기해 버리면 점수를 얻지 못한다. 빨간 꽃 한송이가 하얀 꽃으로 뒤덮여 있는 걸 보고 '빨간 꽃 한 송이와 흰꽃들'이라고 말하면 안된다. 그림을 보고 내가 느끼는 감정을 표현한다. '외롭다'거나 '나는 친구들이 많아 행복해'라는 식의 표현을 할 수 있다. 머리를 써서 하는 전략게임에서는 단연 돋보이는 성훈이다. 마음을 읽고 공감하는 놀이에서 재미를 느끼지 못한다. 유아기 인지발달과 정서발달의 균형은 부모가 신경써야 할 부분이다. 아이의 선택과 결정권이 없는 학습과 놀이는 수동적인 아이로 만들고 독립심의 발달도 방해한다. 성훈이는 꽉 짜인 스케줄로 머리만 자라고 마음이 자랄 수 없는 환경에 있다.

성훈이가 처음 속임수를 쓰며 거짓말을 했을 때 조금 전 했던 행동을 느린 동작으로 보여주었다. 다른 어떤 말도 하지 않고 단지 그것에 대해서만 이야기한다. "이렇게 하는 건 규칙을 지키지 않는거야. 난 처음 정한 대로 규칙을 따르면서 게임을 하고 싶은데, 넌 어떠니?" "그래 좋아요." "내 말을 들어줘서 고마워." 끝나고 나서는 놀이에 대한 느낌 나누기를 한다. "약속한 대로 게임을 해 보니 어땠니?" 속임수를 쓰지 않고도 재미있게 즐길 수 있다는 것을 느끼도록 배려한다. 거짓말을 했을 때 수치심을 느끼지 않도록 지적해주고 솔직하게 이야기했을 때 용기 있는 행동에 대해서 칭찬해준다. 양치기 소년 이야기를 들려주며 "자꾸 거짓말을 하면 성훈이의 말이 거짓말처럼 느껴져서 너를 믿지 못하게 될까 봐 걱정돼. 선생님은 성훈이를 많이 사랑하는데, 그렇게 되면 정말 슬플 것 같아."라며 내 감정을 전달한다. 공감을 잘 못 하던 성훈이도 이 말에는 고개를 끄덕이며 알겠다고 말한다.

거짓말은 우리가 일상에서 늘 하는 말이다. 내가 하는 말 중 백 퍼센트가 모두 진실은 아니다. 가끔 과장된 말도 하고 상대방을 배려한 하얀 거짓말을 하기도 한다. 부모는 거짓말하는 아이의 마음속에 무엇이 자라고 있는지 세심하게 바라볼 줄 알아야 한다. 거짓말을 하면 피노키오처럼 코가 길어진다는 식의 부정적인 말보다 정직하게 말했을 때의 용기를 칭찬해 주는 것이 행동을 바꾸는데 빠른 방법이다. 거짓말을 하는 걸 보니 이제 머리가 커졌나보다고 말한 엄마의 마음처럼 거짓말도 성장의 과정이라 생각하고 흐뭇한 미소로 아이를 바라보면 어떨까. 거짓말에 속아 넘어가는 부모의 인상보다 거짓말을 해도 나를 믿어주는 부모의 모습은 아이를 건강하게 자라게 한다.

책과 함께 생각하기

아기 여우가 외다무 다리 근처에서 노란 양동이를 발견한 후, 그 양동이를 갖고 싶어하는 아기 여우의 마음을 간절하고 따스하게 담았습니다. 월요일부터 일요일까지 아기 여우는 비가 와도, 햇볕이 뜨겁게 내려 쬐어도 노란 양동이를 지키는 파수꾼 노릇을 톡톡히 합니다. 돌아오는 월요일에는 아기 여우의 것이 될 수 있으니까요. 하지만 월요일 아침, 노란 양동이가 사라지고 없습니다. 소중한 것은 언제나 하나뿐이라는 소중한 지혜를 아이들에게 일깨워주는 그림동화랍니다.

– 모리야마 미야코 『노란 양동이』

💡 생각 질문1

거짓말은 나쁜가요?

💡 생각 질문2

아이에게 무심코 했던 거짓말은 없나요?

이유 있는 아이들

"왜 그럴까요? 도대체 얘가 왜 이러는지 모르겠어요!"

나를 만나는 엄마들의 말이다. 25년 동안 아이들을 보며 살아온 세월이 통찰을 만들었다. 아이와 부모의 관계를 보고 놀이를 하다 보면 아이의 마음이 보인다. 나한테는 보이는 것이 부모에게는 보이지 않는 것일까? 아니다. 상담해 보면 이미 알고 있는데 인정하고 싶지 않은 이유와 제대로 바라보지 않아서 놓치고 있었을 뿐이다. 아이들의 이상행동은 이유가 있다. 유전적인 것과 후천적 환경요인이 있다.

'호미로 막을 것을 가래로 막는다.'는 속담이 있다. 지금 보이는 아이의 문제를 눈앞에 보이는 단편적인 것에 중점을 두고 해결하려고 한다면 언젠가 더 큰 문제로 다가온다. 둑에 난 작은 구멍을 방치하고 그냥내 버려두면 결국 구멍이 커져서 둑을 무너져 내리게 만든다. 이유를알면 생각보다 쉽게 해결되는 경우도 많다. 원인을 알았을 때 작게 난구멍을 처음보다 더 단단하게 메워 놓는다면 더 많은 물을 채울 수 있는 방파제가 된다.

죄책감은 아래로,
책임감은 위로

　문제가 있다고 생각하는 아이를 연구소로 데리고 오는 엄마들의 공통점은 자기도 모르게 죄책감을 느끼고 있다는 사실이다. '왜 엄마랑 이렇게 떨어지기 싫어하는지, 유치원에 가지 않으려는지, 잘 다니던 학교에 갑자기 가기 싫어하는지' 등의 이유를 궁금해한다. 아이와 첫 만남에서부터 완벽하게 파악할 순 없지만 진단검사를 통해 원인을 파악할 수 있다. 아이가 특이하게 행동하는 이유를 엄마는 어렴풋이 알고 있다. 무의식적으로 회피하려는 마음이 있다. 이유를 알고 파헤치면 그 잘못이 모두 내 몫이 되어 버릴까 봐 두렵다. '내가 아이를 잘못 키워서 그런가, 다른 아이들은 잘만 크는데 왜 내 아이만 이러지?'라는 생각을 자신도 모르게 하게 된다. 아이의 문제 행동과 그동안 마음고생을 이야기하면서 어김없이 눈물을 흘린다. 만감이 교차하는 감정을 나도 느낀다. 그 속에서 항상 빠지지 않는 감정이 바로 '죄책감'이다.

불행한 결혼생활로 임신 기간 중 스트레스를 많이 받았다는 철수 엄마는 세상에서 가장 예민한 아이를 낳았다. 품에서 내려놓으면 잠을 자지 않아 13시간 이상을 안고 있었다. 잘 먹지도 않고 자지도 않는다. 아이가 자라면서 세상을 살아가기 위한 기본적인 생활습관을 익히게 하는 것도 전쟁이다. 배변 훈련도 겨우 5살이 되어서야 했고 새로운 도전은 무엇이든 엄두가 나지 않았다. 육아가 너무 힘들어 다른 아이들도 그런가 하고 보니 아니었다. 뭔가 이상하다는 생각이 들어 소아정신과에서 검사를 받은 결과는 '불안장애'였다. 시각, 청각, 촉각, 미각, 후각 어느 한 감각이 예민하지 않은 것이 없다. 철수는 한 번도 느껴보지 못한 감각들을 경험하기에 불안이 너무 커서 그 시기에 꼭 해야만 하는 배우기가 힘들다. 엄마의 헌신과 노력으로 발달지연을 겨우 면했지만 정서적인 성장은 아직 미숙하다. 죄책감과 원망으로 보낸 시간을 이야기하며 눈물을 흘린다. 이제는 책임감만 있으면 된다. 죄책감은 멀리 던져버리고 지금까지 잘 해왔던 것처럼 아이가 독립할 때까지 부모의 책임만 갖자. 시간이 흘러 철수 엄마의 죄책감이 가벼워진 것을 느낀다. 사랑의 눈빛이 더 강해 진 것도 느낀다. 욕심이나 집착이 아닌 부모의 책임과 의무가 담긴 온전한 사랑이면 충분하다. 조금 부족해도, 지금 조금 느려도 조급해 하지 않는 느긋함으로 지켜보기만 하면 된다.

한결이는 엄마와의 애착에 문제가 있었다. 엄마는 그때 형성되지 못한 애착 문제로 많은 노력을 했고, 문제를 보이던 아이의 행동도 줄었다.

아이보다는 남편이 좋았고 한때는 사랑하는 아이가 짐스러울 때도 있었다. 그런 엄마의 마음을 너무나 잘 느낀 한결이는 혼자 놀기 일쑤였고, 엄마는 순한 아이라 키우기가 편하다고만 생각했다. 놀고 있는 한결이 옆에서 바라만 주고 필요한 것을 챙겨주는 정도였다. 놀이에서 필요한 반영하기, 투영하기가 이루어지지 못했다.

엄마는 과거의 육아를 돌아보고 죄책감을 느끼며 아이를 바라본다. 죄책감은 지금 한결이를 양육하는 데는 도움되지 않는 감정이다. 엄마를 위해서도 버려야 한다. 그때는 그럴 수밖에 없었다고 스스로를 위로하고 지금에 최선을 다하면 된다. 더 늦기 전에 아이의 문제를 관찰하고 도와주려고 노력하는 엄마의 모습을 칭찬해야 한다. 아이를 향한 조급함과 안타까움도 버리도록 한다. 조금씩이지만 아이는 변하고 있고 언젠가는 관계를 형성하는 데 어려움이 없는 아이로 성장할 것이다.

책임감은 아이가 하지 못하는 것을 부모가 모두 해 주라는 뜻이 아니다. 힘든 일을 겪고 있는 아이를 보면 마음이 불편하다. '차라리 내가 아팠으면 좋겠다.'는 생각을 수도 없이 한다. 우리는 혼란스러운 사춘기를 겪어냈기 때문에 어른이 되고 부모가 되었다. 대신 아파줄 수 있는 마법을 부릴 수 없는 것이 얼마나 다행인지 모른다. 그런 마법이 있다면 이 땅의 엄마들이 모두 써 버려서 스스로 설 수 있는 아이는 단 한 명도 없을 테니까. '줄탁동시(啐啄同時)'라는 사자성어가 있다. 병아리가 알을 깨고 나올 때 밖에서는 어미 닭이 쪼아주고 안에서는 병아리 스스로 쪼아야 부화가 된다는 뜻이다. 밖에서 쉽게 나올 수 있게 어미 닭이 다해주면 하나의 생명이 탄생할 수 없다. 내 아이가 껍질을 뚫고 나오는 독립적인 인격체가 되도록만 도와주자.

1

유치원(학교)에
가기 싫은 아이

〈5~8세〉

혁이는 24개월이 되면서 어린이집에 갔다. 맞벌이하는 부모를 대신해서 할머니가 아이를 보살펴 준다. 체력적으로 힘든 할머니를 위해서 오전에만 어린이집에 보내기로 했다. 울며불며 가기 싫어하는 아이를 보는 마음은 저리고 아프다. '몇 주일만 지나면 괜찮아지겠지.'하고 생각한 건 오산이었다. 한 달이 지나도 어린이집에 갈 때마다 우는 혁이를 보고 결단을 내렸다. 할머니도 많이 울어서 항상 눈이 부어 있고 목이 쉰 손자의 모습을 보고 안 되겠다고 생각한다. 조카가 다니는 어린이집에 같이 보내기도 했지만 적응하지 못한다. 처음에는 어린이집이 아이와 안 맞다고 생각해서 옮겨 보았지만 내 생각이 틀렸다. 혁이는 할머니와 집에서 책 보고 산책하고 익숙한 장난감으로 노는 시간이 좋다. 질서의 민감기에 있는 아이가 익숙한 자기의 일상에서 벗어난 생활을 받아들이기가 힘들었다. 다른 아이들보다 질서에 더 민감했던 혁이는 질서가 깨진 것을 온몸으로 거부한다. 아이의 마음을 알고 36개월이 될 때까지 집에서 지내기로 했다. 또래가 필요한 시기가 되자 어린이집에 가고 싶다는 말을 먼저 한다. 그때부터 울지 않고 즐겁게 다닌다. 때를 기다려주니 걱정 없이 어울리는 아이를 본다.

준현이는 또래 아이보다 말을 잘하는 3살 남자아이다. 말도 잘하지만 표현하는 어휘도 다양하다. "선생님은 갈대밭에 숨어 있는 생쥐를 그리세요. 저는 길쭉길쭉 키가 큰 갈대를 그릴게요." 손에 잘 잡히지도 않는 색연필로 그림을 그리는 데 집중하고 있다. 그려진 그림을 보고 동화 같은 이야기를 늘어놓는다. 이야기를 조금 꾸며주면 준현이가 내뱉는 말은 아름다운 동화가 된다. 만난 지 3개월 지났을 때의 놀이 방법이다. 준현이는 맞벌이하는 부모를 대신해서 시골 할머니집에서 어린이집을 다녔다. 아침마다 가기 싫어하는 아이를 할머니는 어르고 달래서 보낸다. 집 근처에 있는 어린이집을 걸어서 데리고 가는 것도 힘들다. 가는 길에 동네 사람이라도 만나면 다음부터는 그쪽 길로 가지 않으려고 한다. 평소에도 낯선 사람을 싫어하고 친구와 어울리는 것도 힘들다. 급기야 할머니는 두손 두발 다 들었다. "힘들어서 못 키우겠으니 데리고 가라."는 말이 떨어진다. 고민하던 엄마는 어쩔 수 없이 다시 육아휴직을 내고 준현이를 데리고 왔다. 평일에는 할머니집에 맡기고 주말만 아이와 보내는 시간을 수개월 한 후의 결과다. 태어나서 줄곧 엄마와 지내다가 엄마의 복직으로 집이 아닌 할머니집에서 생활해야 했던 준현이의 일상은 그야말로 '힘듦' 자체다. 복직한 지 얼마 안 돼 다시 휴직을 해야 하는 엄마의 마음도 지옥이다. 직장에 말을 꺼내기도 미안하다. 집에서 지낼 때는 말도 잘하고 잘 웃으며 명랑했던 준현이가 할머니도 좋아해서 적응을 못 할 것이라고는 상상도 못 했다. 육아휴직을 고민하는 엄마에게 "일생에 단 한 번뿐인 유아기에요. 아이는 지금 엄마를 간절히 원하고 있어요. 이미 상처를 받고 있고 그걸 해결해 줄 사람은 엄마뿐이에요. 무엇이 가장 중요한지를 생각하셔야 해요." 그때 내가 해준 말이다. 그 후 엄마는 결단을 내리고 육아휴직을 했다. 다행이다.

행복연구소에 들어오는 준현이의 눈빛은 경계가 역력하다. 말을 걸지도 못하게 하고 엄마 품에서 떨어지지 않으려고 한다. 한동안 엄마와 함께 셋이서 놀이를 진행한다. 엄마와 놀이를 할 때는 웃기도 하고 말도 잘하는 아이가 나를 의식하면 입을 다물어버린다. 엄마와 자기 사이에 내가 끼어드는 걸 싫어한다. 몇 달 동안 엄마 없이 지낸 일상을 보상이라도 받으려는 듯 껌딱지가 된다. 할머니집에서 데리고 온 후부터 아빠도 거부한다. 오직 엄마다. 자기 동의 없이 보내진 할머니집에서의 생활에서 배신감 같은 것을 느꼈을 것이다. 사람을 믿지 못하는 불신이 생기고 또래와도 쉽게 어울리지 못한다. 익숙한 집에서의 생활과 다른 환경이 싫고 엄마가 그립다. 주말에 보내는 엄마와의 시간은 짧고 다시 시작하는 월요일이 싫기만 하다. 동작이 굼뜨고 느리게 말하는 준현이는 정해진 스케줄대로 움직여야 하는 생활이 힘들다.

놀이의 재미를 느끼게 하고 함께 놀이하는 즐거움을 준다. 준현이와 친해지는 시간을 갖고 '이 사람은 믿을 수 있는 사람이구나'라는 확신을 준다. 그런 시간이 흐른 후 달라지기 시작한다. 생각을 이야기하고 큰소리로 웃기도 한다.

아빠는 최선을 다해서 놀아준다. 아빠의 놀이 방법이 마음에 들지 않는 엄마는 가끔 아빠 말에 핀잔을 준다. 엄마 바라기인 아이는 그 느낌을 그대로 흡수한다.

엄마는 아빠를 존중해야 한다. 특히 아이가 보는 곳에서는 더욱 그래야 한다. 엄마도 모르게 무시한 행동과 언어를 아이가 그대로 느끼고 따라 한다.

준현이는 어린이집으로 복귀하는 데 4개월이 걸렸다. 이번엔 집에서다. 적응하는 기간도 짧다. 엄마와 함께 있으니 두려움도 덜하다. 아빠와 관계도 좋아졌다. 좋아하는 친구도 생기고 어린이집이 끝나면 엄마가 기다리고 있다고 생각하니 두렵지도 않다. 익숙한 일상에서 사랑하는 부모와 함께하니 문제는 쉽게 해결된다.

건욱이는 한 학기 동안 잘 다니던 유치원에 갑자기 가기 싫다고 하는 5살 남자아이다. 엄마는 그래서 더 당황스럽다. 여름방학이 지나고부터다. 아이에게 더 신경을 써줄 것을 유치원에 부탁도 하고 아침마다 엄마가 등원을 시켜주기도 했지만 소용없다. 억지로 한 달을 더 보냈지만 유치원에 대한 거부감만 더 생긴다. 급기야 차를 타고 유치원 앞을 지나가는 것도 싫어한다. 왜 유치원에 가기 싫냐는 물음에 속 시원하게 말하지 않는 아이가 답답하다. 유치원에 대한 거부감이 점점 심해져 그만두게 되었다. 다른 아이들은 잘만 다니는 유치원을 거부하니 내 아이가 무슨 문제가 있는 게 아닐까 걱정이다. 종일 아이와 함께할 일상이 부담스럽기도 하다. 행동이 자유롭지 못할 것이고 엄마의 자유도 박탈될 것 같은 느낌에 세상이 무너지는 것 같다.

건욱이는 조용하고 차분한 아이다. 또래 남자아이들에게서 보이는 과격함이 없다. 낯선 환경에 적응하는데 시간이 걸리고 사람과의 관계에서도 마찬가지다.

놀이방에 들어오는 건욱이는 처음부터 문을 닫고 놀이를 한다. 엄마의 부재를 개의치 않는다. 애착 관계 형성은 문제가 없다는 뜻이다. 밖에 엄마가 기다리고 있다는 걸 믿고 안심한다. 유치원에서는 맘껏 할 수 없었던 모래 놀이를 실컷 할 수 있으니 기분이 좋다. 유치원에 가기 싫은 이유를 물어보지 않는다. 친구와 함께하면 재미있을 놀이를 경험하게 한다. 건욱이는 알록달록 그림을 그리며 행복연구소 건물도 빼먹지 않는다. 나는 그 옆에 6살이 되면 다니게 될 유치원을 조그맣게 그려준다. 놀이를 하면서 6살이 되면 다녀야 할 유치원을 강조하지 않으면서 인식할 수 있게 한다. 건욱이는 유치원에서 친구들과 노는 것보다 엄마와 함께 있고 싶다. 하고 싶은 걸 만족할 때까지 실컷 하고 싶다. 엄마도 다른 아이와 비교하지 말고 엄마와 함께 있고 싶은 아이의 마음을 이해하려고 노력한다. 엄마와 데이트를 하며 여러 가지를 경험하는 일상을 즐기도록 한다. 행복해하는 아이의 모습을 보고 엄마도 안심한다. 유치원이 안 맞는다고 생각하고 다른 유치원으로 옮기는 실수를 하지 않아 다행이다. 6살이 되자마자 건욱이는 스스로 유치원에 갈 준비가 되었다고 말한다. 6개월이 다 될 때 쯤에는 또래와의 놀이에 목말라 하는 모습이 보인다. 엄마가 그 6개월을 참지 못하고 유치원을 계속 다니게 했다면 아이는 채워지지 않은 욕구로 엄마를 더 힘들게 했을 것이다.

승이는 어릴 때부터 유치원 적응을 힘들어했던 6살 여자아이다. 아빠의 직장으로 3~4살 경에 이사를 자주 다녀야 했다. 새로운 곳에 적응할 때 쯤이면 이사를 가야하는 생활이 반복된다. 질서의 민감기에 있는 아이는 자주 바뀌는 환경에 불안을 느낀다. 친한 또래가 생겨도 금방 다시 만날 수 없는 환경에 놓이다 보니 친구 사귀기도 힘들다. 이런 환경이 안타까운 승이를 위해 엄마는 뭐든 다 해 준다. 옷 입기, 밥 먹기, 정리하기 등 일상에서 승이가 해야 할 일들을 엄마가 한다. 동생이 있지만 동생보다 어리광이 심하고 아침마다 유치원에 가기 싫다고 운다. 아이의 불안과 문제행동을 느끼면서 아빠와 협의해 이사는 더이상 가지 않기로 했다. 놀이방에서 만난 승이는 우울하고 말이 없다. 한참 깔깔깔 거리고 웃어야 할 아이의 얼굴에는 웃음기가 사라지고 무표정이다. 내가 안내해 주는 놀이에 반응이 없다. 다음번 만남이 걱정된다. 행복연구소에 오지 않겠다고 할 줄 알았는데, 유치원은 가기 싫지만 여긴 오겠다고 한다. 말도 없이 무표정으로 있었지만 처음으로 눈높이에 맞는 놀이를 했던 것이 아이를 움직인다. 엄마는 나를 만나면서도 적응하지 못하는 유치원을 옮기고 싶어 한다. 유치원 문제가 아니다. 아이의 마음속을 보아야 한다. 집에서는 명랑하며 목소리도 큰 아이가 밖으로 나오기만 하면 입을 닫아 버리는 상황을 바라봐야 한다. 결국 승이는 새로운 유치원으로 옮기고 한 달도 채 다니지 못하고 그만뒀다. 엄마 마음은 그래도 옮겨보면 적응하지 않을까 하는 기대감과 내 아이가 유치원에 다니지 않게 되는 불안함 때문에 결과를 예측하고도 실행에 옮겼다. 옮긴 유치원에도 적응하지 못하는 아이를 보며 내 말에 귀를 기울이기 시작한다.

승이는 영어유치원을 다녔다. 처음에는 재미있게 다녔지만 선생님이 질문할 때마다 주눅이 들어 대답하지 못하는 경험을 여러 번 하면서 자신감을 잃었다. 자주 손을 번쩍 들던 아이가 선생님 눈빛을 피한다. 대답을 잘해서 칭찬받는 친구가 부럽다. 관심받기 좋아하는 승이는 외모를 꾸미는 것으로 시선을 끌려고 한다. 화려한 옷과 장신구로 몸을 꾸민다. 사람들이 "예쁘다!"고 말해주는 것으로 만족을 느낀다. 내면에서 만족할 수 없는 욕구를 외부로부터 받으려고 한다. 놀이에서 보이는 승이는 인지발달과 정서발달에 별문제가 없다. 환경의 영향으로 자존감이 약해져 있지만 원래 자존감이 강한 아이라는 것도 눈에 보인다. 엄마와 약속해서 모든 일상을 처음부터 시작하기로 한다. 아이가 스스로 할 수 있는 환경을 마련해 주고 그렇게 했을 때 과도한 칭찬보다 격려를 해 준다. 미술놀이를 좋아하는 승이를 위해 동생을 유치원에 보내고 난 뒤 시간은 엄마와 미술놀이를 실컷 하며 보낸다. 놀이방에서 승이 목소리가 조금씩 커지더니 표정도 밝아진다. 이제 큰소리로 웃고 자기가 먼저 일상의 이야기를 하며 재잘거린다. 시간이 얼마 걸리지 않았다. 아이는 단지 자기의 능력을 인정받고 싶었다. 스스로 어떤 일을 해냈을 때 성취감을 맛보고 내가 잘하는 것을 자랑하고 싶었다. 승이의 패션 감각은 뛰어나다. "6살 꼬맹이가?"라고 무시할 수 없을 정도이다. 유치원을 그만두고 집에 있으면서 하고 싶은 것을 다 해 보고 엄마와 함께 있으면서 불안했던 마음도 없어진다.

학기 초가 되면 유치원이나 학교에 적응하지 못하는 아이들이 많다. 새로운 환경에 적응하는데 걸리는 시간이 있다. 다른 아이들보다 적응시간이 오래 걸리고 가기 싫어한다면, 아이의 마음을 들여다 봐야 한다. 가기 싫어한다고 무조건 안 보낼 수도, 그렇다고 억지로 보낼 수도 없다. 이유를 알지 못하면 엄마는 답답하고 아이는 스트레스를 받는다. 아이가 가기 싫어하는 데는 분명 이유가 있다. 한 발짝 떨어져서 관찰하면 가까이에서는 보이지 않던 부분이 보이기도 한다. 일단 결정이 나면 집에 있는 경우는 사랑으로 보듬어주고 기다려 준다. 계속 보내는 경우는 선생님을 신뢰하고 아이를 믿어준다. 시간이 지나면 자연스럽게 해결될 일이다.

책과 함께 생각하기

책에 나오는 아기 여우는 우리 아이와 같습니다. 끊임없이 관심과 사랑을 요구하고 그것을 확인하고 싶어하니까요. 아기 여우는 회색 곰이 되어도, 벌레로 변해도, 악어로 변해도, 죽거나 멀리 떨어져 있어도 엄마 여우가 언제까지나 자기를 사랑해 주길 바랍니다. 그리고 그 사랑을 확인하고 싶어합니다. 세상의 모든 엄마들이 그렇듯 '이 세상 어떤 일이 있어도 엄마는 너를 사랑해'라고 한 엄마 여우의 말은, 너무 당연한 말임에도 가슴속에 따뜻한 울림을 남깁니다.

"아가, 저 별들 좀 보렴. 별들은 멀리, 아주 멀리 있어. 하지만 저 별빛은 저녁마다 다시 와서 우리를 비춰 준단다." "사랑도 저 별빛하고 똑같아. 우리가 가까이 있든 멀리 있든, 이 세상 어디에 있든, 언제까지나 우리를 감싸고 있단다."

– 데비 글리오리 『엄마는 너를 사랑해』

💡 생각 질문1

학교에 가기 싫다는 아이에게 어떻게 해야 할까요?

💡 생각 질문2

협박이나 회유는 아이가 어떻게 받아드릴까요?

2
엄마와 떨어지지 않는 아이

〈3~8세〉

　엄마의 치맛자락을 잡고 한시도 떨어지지 않으려는 아이를 흔히 '애착 형성'이 잘 안되어서 그렇다고 말한다. 요즘 엄마들은 '애착'이 무엇인지를 잘 알고 있다. 인터넷이 발달해 원하는 정보를 손끝만 움직이면 찾아볼 수 있는 세상이다. 지금, 아이들 전문가라고 말하고 있는 나는 아이를 키울 때 학교에서 배웠지만 잘 몰랐다. 전공을 하고 아이들을 가르쳤었지만 정작 내 아이가 그런 행동을 했을 때 그것이 '애착'에 문제가 있어서 나타나는 행동인지 생각 못 했다. 사랑을 듬뿍 줬는데, 엄마뿐만 아니라 할머니는 더 한 사랑을 줬는데 왜 집착할까. 배운 대로 적용해 본다면 양육자가 자주 바뀌고 아이에게 반응을 잘 해 주지 못하면 불안정 애착이 온다고 한다. 그런 환경이 아닌데도 한동안 엄마가 안 보이면 울고 찾는다. 할머니가 잠깐 자리를 비워도 운다. 엄마와 할머니가 번갈아 가며 양육했던 환경이 아이를 혼란스럽게 했다. 할머니와 엄마의 양육 태도가 달라 일관성이 없는 양육이 되어 버려 불안을 느낀다. 낮에는 할머니와 함께 있고 밤이 되면 엄마와 잠을 자고 생활하는 환경이 불안감을 키웠다. 밤마다 할머니를 찾아 우는 아이를 달래느라 속상하고 힘이 든다. 계속되는 아이의 불안을 줄이기 위해 할머니에게 모든 양육을 맡겼다. 일 때문에 아이를 돌보지 못한 미안함으로 시간이 나면 내 방식대로 양육하려고 했던 마음을 접었다. 시간이 지나면서 안정을 찾고 애착 물이 생기며 불안과 집착은 줄었다.

옹알이할 때부터 아기에게 반응을 잘 해주어야 한다. 필요할 때 엄마가 도움을 주고 옆에 있어 줌으로써 아이는 안정감을 느낀다. 반응해 주는 엄마에게 따뜻함을 느끼며 안정적인 애착이 형성된다. 안정 애착이 형성된 아이는 크면서 또래와의 관계 형성을 잘하고 자존감도 높다. 인지발달도 빠르다. 어릴 때 엄마의 양육 환경이 성인이 되어서도 영향을 미칠 만큼 애착은 중요하다.

쉽게 반응해 주지 않고 일관성이 없는 태도는 불안함과 의존성을 키운다. 이렇게 형성된 엄마와의 관계는 불안정 애착으로 형성되어 불신과 분노, 공격적인 성향, 공감력이 낮은 아이로 자라게 만든다.

서원이는 엄마와 아빠 셋이서 행복연구소에 왔다. 엄마 품에서 잠시도 떨어지지 않으려는 아이가 걱정스럽다. 처음 간 어린이집에 적응하기도 힘들다. 아침마다 엄마와 떨어지지 않으려는 아이를 억지로 보내느라 온 가족이 힘들다. 눈이 퉁퉁 부어 있고 목소리도 쉬어 있다. 엄마와 아빠가 함께 운영하는 가게에서 종일 있는 아이는 훈육이 잘 안된다. 원하는 것은 고집을 부려서 얻어내고 그것도 안 되면 울음으로 표현한다. 가까이 사는 할머니도 육아에 간섭한다.

길을 잃은 서원이 엄마는 혼란스럽다. '어떻게 해야 아이가 엄마에게서 떨어지게 할까'가 가장 큰 고민이다. 엄마, 아빠, 할머니가 각자 다른 양육 태도를 가지고 있으니 아이에게 어른의 말은 전혀 먹히지 않는다. 세 명의 어른이 사랑을 가득 준다고 생각하지만 서원이에게 정작 필요한 온전한 사랑과 반응은 없다. 서원이는 손가락을 심하게 빤다. 불안으로 나타나는 행동이다. 언어의 폭발 시기인 24개월이 지났는데도 아직 사용하는 단어가 몇 안 된다. 엄지손가락이 항상 입에 들어가 있으니 웅얼거리고 만다. 고집을 부리고 우는 아이 앞에서 엄마는 어쩔 줄 모르고 사탕을 주며 달래기를 한다. 아이가 하는 행동에 대한 반응이 분주해서 내가 개입할 기회가 없다. 안절부절못하는 엄마의 마음을 아이는 알고 있다. 말로 표현은 못 하지만 행동과 몸짓으로 원하는 건 다 얻어내는 아이를 본다. 그런 엄마가 눈에 보이지 않으면 불안하다. 부정적인 반응으로 서원이의 애착은 회피와 불안으로 들어 앉아있다. 가족이 아닌 사람을 믿을 수 없고 친해지는데 시간이 걸린다.

봄이 되면 예쁜 화분을 창가에 놓고 꽃을 자주 보고 싶다. 씨앗을 심어서 식물의 성장을 보는 것도 재미있는 일상이다. 하루 이틀이 지나도 싹이 트지 않는 화분이 의심스러워 물을 자주 주면 흙 속의 씨앗이 썩어 버린다. 예쁜 화분에 있는 식물이 더 잘 자랐으면 하는 마음에 정해진 물 주기보다 더 많은 양의 물을 주면 어느새 시들시들 뿌리가 썩으며 죽는다. 서원이는 불필요한 간섭이 과한 물 주기와도 같다. 필요한 반응을 적절하게 해 주되 기다려 주어야 한다. 엄마는 일주일에 한 번 나를 만나며 숨통이 튄다는 말을 자주 한다. 몰랐던 방법을 실천하는 재미도 있다고 한다. 아이의 문제 행동의 원인을 알고부터 어떻게 고쳐야 하는지 아니까 안심이 된다고도 한다. 어제 물을 준 화분에 남편이 모르고 오늘 또 물을 준다면 화분에 있는 식물에는 양분이 아니라 불필요한 물이 된다. 물을 줬다는 소통이 있어야 한다. 양육도 마찬가지다. 아이를 잘 키우기 위해서 부모가 의논하고 소통하는 일은 기본 중의 기본이다. 엄마의 방법, 아빠의 방법이 아니라 우리의 방법이 되어야 한다. 서원이 엄마는 같은 공간에서 일하고 있지만 육아에 대해서는 소통이 없었던 과거를 되돌아보며 노력하고 있다.

하니는 4학년이 되었는데도 분리 불안을 보여서 부모는 걱정이다. 7살 동생은 뭐든 혼자서 하려고 하지만 하니는 혼자 할 수 있는 게 별로 없다. 집 밖에서의 행동은 더욱 그렇다. 화장실 갈 때는 동생이라도 데리고 가서 문 앞에 세워두어야 한다. 무섭고 불안해서 하는 행동이다. 숙제가 있어도 스스로 하는 경우가 없고 아빠가 챙긴다. 집 앞에 있는 학원을 혼자 가는 것도 힘들다. "엄마가 해줘, 아빠가 해줘."를 입에 달고 산다. 부모가 없을 때는 동생에게 모든 것을 시킨다. 외출할 때면 옷 입으라는 말이 가장 힘들다. 외출 준비를 하라고 하면 옷장 앞에 멍하니 서 있다. 혼자 양말 신기도 귀찮아한다. 동생은 편하게 할 수 있는 일을 11살 하니는 못하는 모습을 보며 부모님은 문제를 인식하기 시작한다.

하니 부모는 맞벌이다. 출산 후 따로 육아휴직을 신청하지 않은 엄마는 할머니에게 양육을 부탁했다. 친할머니, 외할머니가 번갈아 가며 집으로 온다. 일주일에 2번, 3번 당번을 정해서 보살펴준다. 두 분의 할머니와 부모, 하니에게는 양육자가 4명이다. 동생이 태어날 때까지 이런 양육 환경이 이어진다. 어린이집에 갈 나이가 되었을 때 심한 부적응으로 보내지 못하고 양육자와 떨어졌을 때 나타나는 불안이 심하다. 신뢰감이 생기는 시기까지는 한 명의 양육자가 아이를 돌보는 것이 애착 형성에 좋다. 하니의 여러 가지 문제 행동을 알고 육아서를 많이 읽게 된 엄마는 뒤늦게 알게 되었다. "그때는 그걸 알았어도 방법이 없었을 거예요." 할머니들도 바빴기 때문에 한 분에게 억지로 아이를 봐달라는 부탁을 할 수 없었다고 한다. 하니의 양육 경험으로 동생을 가졌을 땐 육아휴직부터 했다. 온전히 엄마 혼자서 양육하며 사랑을 준다. 스스로 할 수 있게 기회를 준다. 지저분하다고 생각되더라도 혼자 밥을 먹게 하고 낑낑거리며 옷을 입는 아이를 지켜보기만 한다. "내가! 내가!" 하는 시기에 스스로 할 수 있도록 기다려준다. 성취감으로 만족감을 얻은 아이는 독립심이 강한 아이로 자란다.

일찍 출근하는 부모를 대신해 아침이면 등교 준비를 위해 가까이 사는 할머니가 와서 남매를 보살펴 준다. 숟가락을 들고 밥을 떠먹이고 할머니가 골라준 옷을 입는다. 혹시라도 늦어지면 바지도 입혀준다. 스스로 해 본 경험이 별로 없는 하니는 "네가 알아서 해."라는 말이 가장 두렵다. 간식을 먹을 때도 "이거 먹어도 돼?" 물어본다. 엄마는 방법을 알고 있다. 엄마 방식대로 키운 동생은 나무랄 데 없이 자란 모습을 보며 느낀다. 스스로 할 수 있게 기회를 췄던 결과가 어떤 모습으로 나타나는지 경험한다. "하니야. 네가 해 봐. 혼자 할 수 있잖아." 엄마가 늘 하는 말이다. 엄마가 있을 때와 할머니, 아빠가 있을 때의 모습이 다르다. 가족들도 엄마의 눈치를 보며 하니를 도와준다. 답답하니 도와준다고 한다. 지금 하니를 도와주는 것은 아이를 위하는 것이 아니라 어른을 위한 것이다. 빨리 학교에 가야지 할머니도 외출을 할 수 있다. 하루의 피로가 쌓인 상태에서 아이들을 보살펴야 하니 내일을 위한 준비를 빨리 끝냈으면 하는 바람이다. 아이보다 먼저 움직이고 못 하는 걸 기다려주지 못한다. 지금 기다려주지 못한다면 하니의 습관과 양육자로부터 독립하지 못하는 문제는 지속한다. 할머니와 아빠, 엄마가 협의하여 아이를 위해서 한 발짝 물러서 있어야 한다. 의존적인 성향은 내면의 독립이 이루어지기 전까지 고치기 힘들다. 분리 불안은 아이가 스스로 할 수 있는 일을 경험하면서, 자신에 대한 신뢰감을 회복하면서 천천히 해결된다. 나를 믿을 힘이 생기도록 해야 한다. 사소하더라도 작은 성공에 격려를 아끼지 않아야 한다. 11살이지만 아직도 유아기에 머물러 있는 아이를 자랄 수 있도록 도와주어야 한다. 엄마는 말한다. "동생한테는 기다려 줄 수 있는 일이 하니한테는 힘들어요. 하니가 하는 건 다 어설퍼 보여요." 세 명의 양육자의 시선이 아이의 성장을 막는다. 어설퍼 보여도 참고 기다려 주어야 한다. 미덥지 못한 행동을 할 때도 믿어 준다. 2살 3살 때로 다시 돌아가서 처음부터 시작한다는 마음으로 기다려 준다. 부모의 관심과 사랑은 아이를 변하게 만든다. 이런 일관성을 3개월만 지속해도 변화되는 아이의 모습을 볼 수 있다.

누군가와 함께 있고 싶은 것과 누군가가 꼭 있어야 하는 것의 차이는 크다. 사랑하는 사람과 함께 있고 싶은 마음은 바람이다. 사랑하는 사람이 옆에 있어야 내가 할 수 있는 일을 하는 것은 의존이다. 어린 시절 내면의 독립은 어른이 되어서도 영향을 미친다. 누구나 부모 품을 떠나야 하는 시기가 온다. 건강하게 독립을 시키는 일은 부모의 역할이다. 나 자신을 믿고 항상 나를 지지해 주고 믿어주는 부모가 지켜보고 있다는 것만으로도 힘이 된다. "너라면 할 수 있을 것 같다. 우리 딸이 자랑스럽다." 고 말한 부모님의 믿음은 아직도 나를 지탱해 주는 가장 첫 번째 신념과 같은 것이다.

책과 함께 생각하기

아기 캥거루와 엄마 캥거루의 이야기를 통해서 세상을 건강하게 살아가는 방법에 대해 알려주고 있습니다. 태어날 때부터 엄마 배 주머니 속에서 살아온 아기 캥거루가 하루는 바깥 세상에 시선을 돌리게 됩니다. 밖에 무엇이 있을까 호기심 어린 눈으로 바라보다가 이내 폴짝 한 발을 내딛지요. 그러나 벌이나 토끼 같은 난생처음 보는 존재에 아기 캥거루는 깜짝 놀라 다시금 엄마 캥거루의 배 주머니 속으로 들어갑니다. 그래도 아기 캥거루는 다시 용기를 내어 세상 밖으로 폴짝 나갑니다. 이번엔 전보다 더 많은 뜀박질로 앞으로 나아갑니다. 호기심이 두려움을 이긴 순간이지요.

– 데이비드 에즈라 『주머니 밖으로 폴짝!』

💡 생각 질문1

아이를 믿어준다는 건 어떤 것일까요?

💡 생각 질문2

아이의 양육 방법을 엄마 아빠가 의논하시나요?

3. 아빠를 싫어하는 아이

〈3~7세〉

대학생이 된 혁이는 아빠와 스스럼없이 자기 이야기를 한다. 어릴 때부터 아빠와 함께 운동하고 휴일이면 대부분 시간을 아빠와 함께 보냈다. 바쁘더라도 하루 한 번은 가족 모두가 함께 식사하며 이야기를 한다. 어제 있었던 이야기, 오늘 할 일, 친구와 있었던 이야기 등을 자연스럽게 한다. 언어발달이 빨랐던 혁이는 말하는 걸 좋아한다. 어린아이가 사용하는 어휘가 많고 말을 잘하니 보는 사람마다 말을 건다. 재잘거리는 말을 다 받아주는 건 아빠다. 4살 때쯤 "왜?" 병이 걸렸다고 할 정도로 질문이 많던 아이를 응대해 준 것도 아빠다. 습관적인 왜? 도 그냥 넘기지 않고 대꾸해 준다. 엄마와는 친구처럼 말해도 아빠한테는 존대하는 습관을 들였다. 말 잘하던 혁이도 사춘기가 되니 달라진다. 사생활이라며 친구 이야기는 특히 꺼리고 방문을 닫고 자기 방에서 잘 나오지 않는다. 그 시간 동안 아빠는 달라진 아이의 모습을 보며 혼란스러워했다. 누구나 겪는 사춘기지만 내 아이는 이해하기가 힘들다. '옆집 아이 밥 준다' 생각하며 대하라는 선배 부모들의 조언을 귀담아들으며 기다려 주기로 한다. 또래 아이에 비하면 사춘기를 심하게 보낸 것도 아니다. 부모와의 유대관계가 좋았던 혁이가 말수가 적어지니 부모 입장에서 적응하는 데 시간이 걸린다. 북한도 무서워서 못 쳐들어온다는 대한민국 중2를 보내고 나니 혁이는 예전의 모습을 되찾는다. 식탁에서 일과를 이야기하고 부모의 일상을 묻기도 한다. 오랜만에 만난 아빠와 끌어안으며 포옹을 하고 엄마와 싸운 아빠를 위로하기도 한다.

아기는 배 속에 있을 때부터 엄마 목소리에 익숙하다. 시각이 발달하지 않은 아기는 6~8개월 때쯤부터 낯을 가린다. 희미하게 보이는 물체와 형체들이 조금씩 또렷하게 보이면서 익숙한 얼굴을 분간한다. 이때 아빠가 바빠서 아기를 자주 보지 못하는 상황이라면 아빠를 보고도 울음으로 표현한다. 낯설다는 뜻이다. 더 자주 아기와 상호작용하고 목소리를 들려주면 금방 아빠의 모습에 익숙해진다. 엄마의 뱃속에서 열 달을 살았고 태어나서도 엄마가 주는 젖을 먹고 보살핌을 받으니 엄마를 찾고 사랑하는 것은 당연하다. 하지만 아기에게 아빠의 관심과 사랑은 엄마가 채워주지 못하는 또 다른 사랑의 한 부분이다. 아빠와 함께한 시간이 많을수록 여러 가지 면에서 긍정적인 모습을 보인다는 연구 결과와 책도 많으니 특별히 강조하지 않아도 될 것 같다. 정말 그렇다. 내가 만나본 아이들도 아빠가 많이 놀아준 아이는 공감을 잘하고 배려가 깊다. 문제가 발생했을 때 스스로 해결하려고 하고 부정적인 상황이 발생했을 때도 짜증을 내거나 공격적인 모습을 보이기보다 긍정적으로 생각한다. 바쁜 아빠들은 힘든 일과를 마치고 퇴근 후 편히 쉬고 싶다. 아빠가 오기만을 기다리던 아이의 눈빛을 외면하지 못하고 놀아주는 시간은 고작 10분이다. 빨리 쉬고 싶다는 생각이 머리를 떠나지 않으니 아이의 욕구를 알아차릴 수 없다. 10분을 놀아도 아이가 만족할 수 있게 흠뻑 놀아주면 된다. 양으로의 승부가 아니라 질적 놀이를 하면 된다.

준서는 아빠를 무시한다. 4살 남자아이가 아빠를 무시하는 행동은 눈빛을 마주치지 않고 친구에게 핀잔주듯 말을 한다. 잘못된 행동을 했을 때 아빠의 훈육은 통하지 않는다. 아빠가 야단치면 더 공격적으로 변하고 덤벼든다. 처음에는 아이의 그런 행동이 문제가 되지 않는다고 생각한 부모는 웃기도 하고 가벼운 나무람으로 넘긴다. 시간이 갈수록 준서의 행동은 아빠를 미워하는 것처럼 보인다. 아이를 어떻게 해야 할지 모르는 부모는 이제서야 문제를 인식한다.

준서는 태어나면서 엄마와 외할머니집에 있었다. 엄마의 산후조리 겸 3개월을 아빠와 떨어져 있었고 이후에도 육아와 살림의 병행이 힘든 엄마는 자주 친정에 간다. 바쁜 아빠와 친해질 시간이 적다. 동갑인 엄마 아빠는 서로 존대를 하지 않는다. 예민한 준서를 키우며 스트레스를 많이 받고 있는 엄마는 아빠에게 자주 짜증을 낸다. 놀이하다 마음에 들지 않는다며 짜증 내는 준서의 모습은 엄마와 닮았다. 혼자서 잠들지 않는 준서는 아빠를 밀어내고 엄마와 자고 싶다. 뭐든지 "엄마가"라고 말한다. 아빠가 집에 있을 때는 아빠와 아이 둘이서만 놀기를 원하는 엄마다.

사실 준서는 아빠를 좋아한다. 아빠가 운전하는 자동차를 타고 드라이버 하는 것을 좋아하고 변신 로봇을 조립해 주는 아빠가 대단해 보인다. 준서가 아빠와 더 친해지려면 엄마가 달라져야 한다. 아빠를 존중해야 한다. 아이가 보는 앞에서 표면적인 존중이 아니다. 예민한 준서는 진짜와 가짜를 너무 잘 구분한다. 진심에서 우러나오는 존중이 필요하다. 아빠와 둘이서 하는 놀이도 좋지만 처음에는 셋이서 함께하는 시간을 가져야 한다. 한참 신체가 발달하고 있는 아이와 함께 놀이터에서 보내는 것은 꼭 필요한 소중한 시간이다. 엄마가 해줄 수 없는 몸으로 하는 놀이를 하고 공놀이도 한다. 함께한 시간이 많아지고 감정을 나누는 경험을 한 준서는 아빠를 더는 밀어내지 않는다.

민영이는 4학년 여자아이다. 아기자기하게 생긴 외모와는 다르게 무덤덤한 성격이다. 아빠는 민영이와 반대이다. 덩치가 크고 몸도 넉넉하지만 장난기가 많다. 예쁜 딸을 너무 사랑하는 아빠는 장난을 좋아한다. 아빠가 툭툭 건드리며 치는 장난을 기분이 좋을 때는 받아주지만 눈치없이 계속될 때는 짜증이 난다. 짜증 내는 아이를 아랑곳하지 않고 하던 행동을 계속하는 아빠다. 그런 아빠를 싫어하는 민영이. 아빠는 그것을 사랑의 표현이라고 생각한다. 장난치며 웃고 놀다가 버릇없는 행동을 한다고 갑자기 화를 내기도 한다. 시작은 아빠가 하고 야단은 항상 민영이가 맞는다. 아빠가 기분이 좋을 때와 안 좋을 때 민영이를 대하는 태도가 다르니 아예 아빠와 상대하고 싶지도 않다. 가끔 사춘기 감성이 올라올 때면 장난으로 한 아빠의 행동에 눈물 날 정도로 싫다. 엄마의 따끔한 충고에도 아빠의 습관은 잘 고쳐지지 않는다. 동생에게도 비슷하게 대하니 예민한 동생은 더 예민해지고 아빠를 싫어한다. 아이들이 싫어하는 행동을 계속하니 그럴 때마다 엄마와 아빠의 언성이 높아지고 싸우기 일쑤이다. 남들에게 하면 웃기는 얘기 같지만 엄마와 아이들에겐 심각한 문제이다.

아빠의 행동을 고쳤으면 좋겠다. 아이들에게 재미있게 해주고 싶어서라고 한다. 친구처럼 느끼게 해주고 싶어서라고 한다. 표현방법이 잘못됐다. 아이를 대하는 아빠의 태도를 그대로 놔두면 서로 감정이 나빠지고 사랑한다는 아빠의 마음도 알아주지 않는다. 사춘기가 되면 더 나빠질 것이 뻔하다. 엄한 아버지 밑에서 자란 아빠는 지금도 부모님께 말 걸기가 어색하다. 그런 부모 자식 관계가 싫어서 아이들과 어릴 때부터 격 없이 지내고 싶다. 쉽게 다가와 주기를 원한다. 엄마의 도움도 필요하다. 아빠의 행동을 아이들이 보는 앞에서 지적하게 되면 부부의 감정까지 나빠진다. 관계 형성을 위한 팁을 알려 준다.

아이들과의 정서적인 유대는 엄마가 더 강하므로 가르치듯 알려주어야 한다. 아이들이 싫어하는 장난을 계속할수록 아빠의 권위는 떨어진다. 아이들을 존중하는 것도 아니다. 서로를 존중하면서 함께하면 원하는 것을 얻을 수 있다. 부모의 태도가 달라지면 아이들은 금방 달라진다.

중학생 가윤이는 아빠를 존경한다. 어릴 적 꿈은 아빠처럼 변호사가 되는 것이었다. 아빠에게 인정받기 위해서 공부도 열심히 한다. 아이들과 보내는 시간이 부족한 아빠는 아이들에게 눈길을 돌릴 때마다 쑥쑥 자라있는 모습에 놀라곤 한다. 마냥 아기 같았던 아이가 숙녀로 자라 있는 모습이 대견스럽다. 얼마 전 시험 결과가 나온 것을 우연히 보게 된 아빠는 가윤이에게 실망한 기색을 들킨다. 어릴 때부터 공부만 했고 일등을 놓쳐본 적이 없는 아빠는 딸의 성적이 실망스럽기만 하다.

"그런 걸 틀리다니" 아빠의 한 마디에 충격받은 가윤이는 문을 닫고 들어가 버린다. 아빠에게 인정받고 싶었던 마음에 상처를 받는다. 열심히 노력한 결과에 격려받지 못한 마음이 생각날 때마다 눈물이 난다. 아빠도 가윤이를 많이 사랑한다. 일하느라 바빠 아이와 많은 시간 함께 하지 못해 미안하다. 사춘기 여자아이를 어떻게 대해야 하는지 방법도 잘 모른다. 가윤이는 아직도 아기처럼 대하는 아빠가 싫다. 아빠가 멋있어 보이지만 아빠와 마주할 때면 자기 마음을 너무 못 알아주는 것 같다.

사춘기가 되면서 바쁜 아빠의 직업에 매력을 느끼지 못한 가윤이는 꿈도 바뀐다. 일만 하고 살았던 아빠와 공부만 하며 지낸 딸의 관계가 삐거덕거린다. 보다 못한 엄마가 아빠에게 말하는 방법을 가르쳐 준다. 그래도 다행이다. 아빠는 엄마의 말을 수용하고 딸과 친해지기 위해서 노력 중이다. 가족 여행에서 빠졌던 아빠는 시간을 내고 아이들과 함께 하는 시간을 만들고 있다. 아빠의 어릴 때와 환경이 너무 달라진 요즘 아이들의 정서를 이해하려고 한다. 아직 어린 동생들에게 만이라도 아빠와 함께하는 추억을 만들려고 노력한다. 늦었지만 노력하는 가윤이 아빠에게 격려와 응원을 보낸다.

　아버지는 나에게 버팀목이었다. 요즘 아빠들처럼 많이 놀아주지도 따뜻한 말을 하는 분도 아니었다. 함께 놀러 간 추억도 없다. 결혼하고 부모가 되었을 때 아버지의 마음이 느껴졌다. 무뚝뚝하고 말이 없었지만 아버지의 깊은 사랑을 느낄 수 있었다. 아이들에게 다가가기 위해 노력하는 아빠들에게 말하고 싶다. "당신은 최고의 아빠입니다." 아빠는 아이의 성장에서 없어서는 안될 중요한 사람이다. 아이들에겐 훌륭한 아빠보다 놀아주는 아빠가 필요하다.

　내겐 깊은 사랑
　내겐 구식 딸바보
　내겐 시골집앞 고목나무

　그리고
　내겐 따뜻한 아랫목

　하지만

이젠

그리움

아버지……

– 윤정애 〈아버지〉

책과 함께 생각하기

친한 친구에게 금붕어가 있는데 그게 너무너무 갖고 싶어.

그 금붕어를 가질 수만 있다면 뭐든 다 줄 수 있을 것 같은데.

무엇이든 다…… 아빠라도 말이야.

자, 너라면 어떻게 할래?

금붕어 2마리와 아빠를 바꾼 주인공의 파란만장한 일상을 담은 책입니다. 주인공 '나'는 친구의 금붕어 두 마리가 갖고 싶어서 아빠와 금붕어를 바꿉니다. 아빠는 집에서 말없이 신문만 보는, 금붕어만큼의 즐거움도 주지 않는 존재니까요. 금붕어 두 마리와 아빠를 바꾸자는 '나'의 제안에 친구는 이렇게 대답합니다.

"불공평 해. 내 금붕어는 두 마리인데 너희 아빠는 한 사람이잖아!"

– 닐 게이먼 『금붕어 2마리와 아빠를 바꾼 날』

💡 생각 질문1

우리집에서 아빠의 위치는 어디쯤인가요?

💡 생각 질문2

아빠는 아이에게 어떤 존재인가요?

4.
게임만
하려는 아이
〈8~13세〉

　시각적 자극을 잘 받는 남자아이들은 게임을 좋아한다. 혁이는 스폰지밥을 그렇게 좋아하더니 캐릭터 만화로 옮겨가고 다음에는 카트라이더 같은 온라인 게임으로 관심을 옮겨갔다. 24개월 전에 미디어에 노출된 아이의 뇌는 부정적인 자극을 받는다. 충동적이고 공격적으로 되며 자극을 받아야만 반응하는 아이가 된다. 되도록 늦게 노출해야 한다. 최대한 늦게 보여줬다고 생각하지만 이미 미디어에 빠져든다. 엄마와 갈등도 많다. 텔레비전을 켜 놓고 밥을 먹이는 할머니와도 갈등이다. TV 보기 조절이 되니 이번에는 게임에 몰두한다. 약속한 시간보다 많이 하려는 혁이와 못하게 하려는 나는 매일 싸운다. 닌텐도 게임기를 알게 되니 또 그것에 빠지기 시작한다. 할머니의 편잔을 들어가며 게임기를 사준 이유는 '온라인 게임보다는 괜찮겠지'라는 생각과 스스로 조절하는 힘을 키우기 위해서였다. 앞에서 이야기했지만 혁이는 과한 욕구로 친구의 게임팩을 훔치기까지 했다. 이때부터 "아이가 왜 이토록 게임에 빠지게 될까?"를 고민하기 시작했다. 내가 먼저 알아야 아이를 조절시킬 수 있겠다는 생각이 들었다. 초등 고학년이 되면서 혁이는 내가 따라 할 수 없는 고난도 게임을 시작한다. 컴퓨터는 가족의 공용 공간인 거실에 두고 아이와 약속을 정한다. 그때까지도 게임 속 세상에 대한 지식이 부족했던 나와 갈등이 이어진다. 어느 날 게임을 하던 혁이가 "엄마도 한 번 배워보세요. 가르쳐 줄게요."라며 리그오브레전드라는 게임을 설명해 준다. 재미있다. 한 시간 동안 게임을 하고 쉬기를 지키지 못하는 이유를 설명해 준다. 식사 시간인데도 끄지 못하고 계속해야 하는 이유를 말한다. 한번 시작하면 여러 명의 게이머와 대전하기 때문에 중간에 빠지면 얻게 되는 불이익과 게임 속 예의가 아니라는 말을 한다. 혁이와 함께 게임을 하면서 좋아하는 캐릭터와 게임에서 아이의 포지션이 무엇인지를 알게 되었다. 그 후로 게임 시간 때문에 싸우는 일이 줄어들었다.

엄마가 자기를 이해해 주니 스스로 조절하려는 모습을 보인다. 게임도 스트레스를 푸는 도구라는 것을 이해하고 아이를 존중해 준다. 청소년이 되어서 피씨방이 아닌 집에서 게임을 할 수 있도록 했다. 요즘 관심 있는 게임을 이야기하고 대화의 소재로 사용하기도 한다. 아이와 대화하기 위해서, 공감하고 소통하기 위해서 많은 공부를 했다. 혁이는 "게임을 좀 아는 엄마"로 생각하고 소통하는 엄마를 고마워한다. 무작정 게임을 못 하게 하는 것은 아이와 갈등을 키울 뿐이다. 요즘은 스마트폰으로 시시때때로 할 수 있는 게 게임이다. 어릴 때부터 스스로 자기를 조절할 힘을 키워 주어야 한다.

게임은 현대를 살아가는 아이들에게 필요악이라고 생각한다. 태어나면서 디지털 기기에 익숙해지는 요즘 아이들이다. 갓난쟁이도 스마트폰을 터치할 수 있는 시대이다. 떼려야 뗄 수 없는 이것으로부터 내 아이를 지켜야 한다. 어느 집이건 아이와 스마트폰 때문에 생기는 갈등이 있다. 좀 더 하려는 아이와 막으려는 부모가 있다. 내 아이를 스마트폰으로부터 지키려면 어릴 때부터 건강한 사용법을 가르쳐야 한다.

민재는 외동아들이다. 혼자 있는 시간이 많다. 유치원을 마치면 가게를 하는 부모님과 종일 함께 있다. 심심하니 엄마의 휴대폰으로 유튜브 동영상을 본다. 처음에는 안쓰러워 허용했던 것이 지나치게 집착하는 아이를 보고 못 하게 한다. 이미 익숙해진 민재의 휴대폰 사용은 초등학교까지 이어진다. 레고 동영상 보기를 시작으로 마인크래프트 게임을 한다. 초등학교에 가면서 자기 휴대폰을 가진 민재는 비는 시간이 생길 때마다 게임을 한다. 게임을 해도 괜찮다는 아빠의 태도와 너무 많이 하면 좋지 않다는 엄마의 태도가 다르다. 이런 모습에 아이도 엄마 앞에서와 아빠 앞에서의 태도가 다르다. 엄마가 습관을 잡아 놓으면 아빠는 쉬는 날 아이를 데리고 게임방으로 간다. 엄마는 속이 터진다. 화를 내도 소용이 없다. "남자는 게임을 하면서 스트레스를 풀어야 한다."면서 자신의 행동을 정당화한다. 일관성 없는 부모의 태도로 민재는 게임 속으로 더 깊이 빠져든다. 엄마가 게임을 못하게 할 때는 불안한 마음에 손톱을 물어뜯는 증상이 생겼다. 엄마를 사랑하고 따르고 싶은 민재는 게임 이야기만 나오면 스트레스를 받는다. 그것 때문에 부모님이 다투는 것도 부담스럽다. 공감을 잘하는 민재는 엄마의 마음을 안다. 방과 후 혼자 있는 시간이 많아지면서 게임하는 시간이 더 많아진다. 게임을 할 때마다 죄책감이 들지만 딱히 하고 싶은 게 없다.

민재 엄마는 가장 먼저 아빠와 게임에 대한 양육 태도부터 일치시키기로 한다. 그동안 서로의 생각만 중요하다고 생각했던 부분을 아이를 위해 좋은 방법을 의논한다. 고학년이 되면서 게임으로 채팅하며 영어 공부를 위한 동기부여가 된다고 생각하는 아빠다. 그래도 너무 오랫동안 게임을 하는 것은 안된다고 생각하는 엄마다. 아빠는 게임을 좋아하는 민재를 위해 게임 박람회를 함께 다닌다. 엄마는 평일에 하지 못하게 하는 대신 휴일에는 만족할 만큼의 넉넉한 시간을 준다. 세 명의 가족이 게임에 대한 접점을 찾는다. 게임을 좋아하는 아빠와 함께 박람회를 다니면서 대화도 많이 한다. 서로 공감대가 형성되며 사이도 좋아진다.

동준이는 밤을 지새우며 게임을 하는 고등학생이다. 학교에 가면 공부가 재미없고 밤새 잠을 자지 않았기 때문에 엎드려 잔다. 친한 친구도 없다. 학교가 재미없다. 점점 말수가 줄고 혼자 있는 시간이 많아지는 아들이 걱정스러운 부모다. 내가 묻는 말에 "네, 아니요."라고만 답하는 동준이는 마음의 문이 닫혀 있다. 처음으로 자기 이야기를 한 것은 꿈 이야기다. 진로 문제로 부모님과 의견이 부딪히면서 하고 싶은 게 없어졌다. 중학교 때 친구 문제로 속앓이를 많이 한 후로는 친구도 사귀고 싶지 않다. 혼자 있는 시간이 많아지면서 게임을 즐겨한다. 흔히 인기 있는 게임은 하지 않고 혼자서 즐기는 게임을 한다. 게임으로 나와 소통하니 마음속 이야기를 풀어 놓는다. 우울한 마음이 게임을 하게 한다. 친구가 없고 하고 싶은 것을 못 하게 하는 부모님에 대한 반항으로 공부도 싫다. 이렇게 빠져드는 자기를 도와달라고 한다. 동준이는 또래 친구가 필요하다. 온라인 게임보다 친구가 좋다고 말하는 아이다. 관계 맺기를 두려워하는 동준이에게 용기를 주고 기회를 준다. 늦었다고 생각할 때가 가장 빠르다. 우울한 마음이 게임을 하는 이유였던 아이가 도와달라고 손 내민다. 동준이 부모님은 그런 아이의 마음을 몰랐던 것에 미안해하고 눈물을 흘린다. 지금부터다. 최선을 다해 도와주면 된다.

식당에 가면 음식이 나올 때까지 아이 앞에 스마트폰을 켜주는 부모를 본다. 그것만이 아이를 진정시킬 수 있고 편하게 식사할 수 있는 방법이라고 생각한다. 자연스럽게 미디어에 길들여진 아이는 엄마를 편하게 한다. 스마트폰만 쥐어주면 조용하고 그 시간만큼은 평화롭다. 이렇게 자란 아이는 게임에 더욱 빠진다. 자극적인 영상에 익숙해져 더 자극적인 게임을 찾는다. 이미 익숙해진 것을 차단하려고 하면 불만이 생기고 갈등이 생긴다. 스마트기기는 최대한 늦게 접하도록 해야 한다. 어쩔 수 없이 사용하게 되는 시기가 오면 처음부터 약속을 정해야 한다. 약속한 규칙을 잘 보이는 곳에 붙여 놓는다. 정해진 원칙과 약속은 일관성 있게 지키도록 신경 써야 한다. 엄마가 집안일로 정신없는 틈을 이용해 십분만 더, 삼십 분만 더 하는 경험은 기회만 되면 조금 더 하려는 습관을 불러온다. 자기조절 능력이 부족한 어린아이에게는 통신사마다 있는 유해차단 서비스를 이용하는 것도 방법이다. 초등학교에 입학한 1학년 아이들에게 쉬는 시간에 뭘 하는지 물어보았다. 스마트폰을 만지며 논다고한다. 셀카도 찍고 어떤 친구들은 게임도 한다고 한다. 스마트폰은 아이들을 교육하는 기관에서 전 세계적인 고민거리다.

북극늑대는 칼에 먹잇감의 피를 묻혀 얼음에 꽂아 놓으면 혀가 끊어질 때까지 계속 핥아 먹는다고 한다. 맛있다는 생각과 배고픈 욕망을 채우며 핥기를 반복한다. 게임을 너무 많이 해 멈출 줄 모르는 아이들의 모습과 비슷하다. '적당히'를 넘어선 아이들은 게임에 빠지게 되고 자기가 게임에 빠진지도 모른 채 그곳에 머물러 있다. 게임을 하면 스트레스가 풀린다고 말하지만 그건 적당히 했을 때의 경우이다. 장시간 컴퓨터 앞에 앉아 같은 행동을 반복하는 것은 육체적인 피로를 몰고 온다. 정신적 갈증이 해소되었다고 느끼는 것을 스트레스 해소로 착각하고 있다.

게임은 순기능과 역기능을 함께 가지고 있다. 아이에게 게임의 장점만 이용할 수 있게 하면 좋겠지만 그럴 수 없는 것이 현실이다. 아이들은 게임 안에서 친구를 만난다. 교실에서 만났던 친구를 온라인에서 만나 채팅도 하고 게임도 하며 관계를 이어간다. 게임 세계에 끼지 못하면 대화에서 소외되는 경험도 한다. 게임을 잘하는 아이는 부러움의 대상이 된다. 현실에서 느끼지 못하는 유능감을 느낀다. 레벨을 계속 상승시켜 가며 성취감도 맛본다. 내가 꾸민 캐릭터로 조종하고 내가 내린 명령으로 모든 것을 수행하는 경험은 현실에서 내 마음대로 하지 못하는 욕구를 채워준다. 긍정적이든 부정적이든 몰입의 경험도 한다. 푹 빠져들어 30분이 지난 것 같았는데 정신을 차리고 보면 3시간이 지나 있다. 이런 이유로 아이들은 점점 게임의 매력에 빠진다.

어릴 때부터 미디어의 노출을 최대한 늦추는 것이 좋다. 몇 번을 강조해도 지나치지 않다. 몇 년 전 뉴스에서 '팝콘브레인'(뇌가 튀긴 팝콘처럼 곧바로 튀어 오르는 것에만 반응할 뿐 느리게 변하는 현실에 무감각해지는 현상을 일컬음)에 관한 것을 보도하며 한동안 부모들에게 경각심을 일으키기도 했다. 스마트폰이나 영상에 많이 노출되면 뇌가 자극적인 것에만 반응한다. 어릴 때는 환경적인 이유로 게임에 노출되는 경우가 많다. 성장하면서 내 아이가 점점 게임에 빠져든다면 이유를 살펴봐야 한다. 더 이상 막을 수 없다면 부모가 함께 참여하며 소통하는 도구로 사용한다. 게임을 건강하게 이용하면 스트레스를 풀 수 있는 도구로 사용할 수 있다.

책과 함께 생각하기

도깨비 심심이는 깊은 산속에 삽니다. 친구도, 놀이도 없어서 언제나 심심했던 '심심이'는 어느날 고개를 넘고 넘어서 마을로 내려오게 됩니다. 심심이의 눈에는 마을 사람들의 상투가 도깨비 뿔로 보여서 같이 놀자고 하지만, 사람들은 무서워서 다 도망쳐버렸습니다. 강아지는 끼잉끼잉 울고, 고양이는 야옹야옹, 염소는 매애매애… 심심이는 우는 동물들을 모아서 끌고 갑니다. 그런데 꼬꼬댁 꼬꼬 닭을 만났지요. 빨간 벼슬, 샛노란 눈, 날카로운 부리! 심심이는 과연 어떻게 할까요?

– 한병호 『꼬꼬댁 꼬꼬는 무서워』

💡 생각 질문1

아이가 좋아하는 게임을 알고 있나요?

💡 생각 질문2

게임으로 소통해 본 적이 있나요?

5.
아이 컨택을
못하는 아이
〈3~13세〉

　대화할 때 표정을 읽으며 상대방의 눈을 바라보는 건 기본이다. 눈 맞춤을 못하는 사람을 보면 지나치게 수줍음을 많이 탄다. 아이들은 거짓말을 할 때도 눈 맞춤을 잘 못한다. 산만한 아이, 과잉행동을 하는 아이도 그렇다. 특이하게 이런 이유가 아닌데도 눈 맞춤을 못하는 아이를 만난다. 내가 만난 아이들은 그들만의 세계가 있다. 독특한 성향 때문에 친구가 없고 어울리지 못한다.

　민기를 8개월 때 만났다. 만날 때부터 다른 아기들과는 다르게 반응하는 모습이 인상적이다. 자극을 주면 반응하지 않고 자기가 하던 놀이를 계속하고 있다. 내 얼굴을 보며 반응하기 시작한 것은 18개월이 되면서부터이다. 좋아하는 동작을 반복하면 까르르 웃기도 하고 계속해달라고 한다. 눈을 마주치지 않는다. 24개월이 되면서부터는 문자나 기호에 관심을 보이기 시작한다. 숫자와 알파벳에 특히 반응을 보인다. 엄마는 그런 아이에게 더 자극을 주고 싶어 영어 동화책을 자주 읽어 준다. 한 글에는 반응을 보이지 않던 아이가 5살이 되니 한글도 스스로 읽는다. 3 살까지 상호작용이 없는 놀이를 했다. 역할 놀이를 해도 반응이 없다. 4 살이 되어 처음으로 소꿉놀이가 된다.

일반적인 발달과 많이 다른 민기를 보며 전문기관에서 검사받아 볼 것을 권했다. 엄마는 불안해한다. 또래와 어울리며 아이가 다르다는 것을 느낀다. 영어책과 동화책을 읽을 수 있지만 대화가 잘 안 된다. 민기는 발달지체이다. 일찍 깨닫고 치료를 받아서 점점 나아지고 있다. 눈을 맞추고 이야기하는 습관을 들인다. 익숙한 나에게는 얼굴을 보며 이야기하지만 연습이 필요하다.

민기처럼 일반적인 발달을 보이지 않을 때, 문제가 있다고 판단될 때 "어머니, 아이가 이상해요. 빨리 전문기관에 가서 검사를 받아 보세요." 라고 말하기가 쉽지 않다. 엄마와 신뢰감이 형성되었을 때도 혹시 상처 받게 될까 봐 고민하고 또 고민한다. 민기가 12개월이 지나면서 "아이가 다르다"는 말을 했다. 3살이 지나면서 전문병원에 검사받아볼 것을 권했다. 이런 말을 처음 듣는 엄마는 당황한다. 어떤 곳을 찾아가야 할지도 모른다. 잘하는 병원과 언어치료 교사를 수소문해서 알아주고 놀이 치료도 병행한다. 4년이 지났다. 아직 어눌하지만 민기는 유치원도 다니고 친구들과 어울리며 성장을 위한 숙제를 풀어가고 있다.

초등 3학년이 되어서 만난 희수는 눈 맞춤이 전혀 되지 않는다. 위의 민기 사례보다 발달지연이 더 심한 아이다. 발달지체 또는 발달지연은 자폐스펙트럼장애와는 다르다. 뇌에 이상이 없지만 자폐 아이에게서 나타나는 행동과 비슷한 부분을 보인다. 그중 눈 맞춤이 안된다는 것이 가장 비슷하다. "선생님 눈을 봐!"라는 말을 해야 겨우 1초 정도 보고 원하는 곳으로 고개를 돌려 버린다. 눈에 보이는 것을 순식간에 잡고 행동하기 때문에 행동을 예측하기도 힘들다. 놀이방에서 힘과 권력을 쓰면 그날은 아무것도 할 수 없는 날이 된다. 아이의 눈빛이 머무는 곳에 멈추고 함께 활동하고 이야기를 끌어낸다. 내가 말한 어떤 단어 하나에 꽂히면 그때서야 눈 맞춤을 한다. 그동안 힘들었을 엄마를 격려한다. 아이의 치료를 위해서 뛰어다니는 엄마가 있어 잠시라도 앉아서 상호작용할 수 있는 아이로 자라고 있다.

지수는 잘 웃지 않는다. 집에서 혼자 놀이를 하고 동생과 논다. 새로운 공간으로 이동하는 것을 싫어한다. 일상에서 일어나는 일을 엄마에게 얘기하지 않는다. 궁금해서 물어보면 단답형으로 대답하고, 구체적인 질문을 하면 짜증 낸다. 학교에서도 친구와 잘 어울리지 않는다는 말을 듣고 엄마는 걱정이다. 처음 만난 지수는 눈을 마주치지 않는다. 질문하면 어쩔 줄을 모른다. 공감하기와 마음 표현하기는 싫어하기까지 한다. 마치 자기에게 접근하지 못하도록 방어막을 치는 아이 같다. 보드게임도 싫어한다. 게임 안의 컴포넌트를 가지고 혼자 놀이를 한다. 혹시라도 내가 끼어들면 역할을 정해준다. 놀이하면서 지수에게 대단한 능력이 있다는 것을 발견한다. 자연관찰책을 특히 좋아하는 지수는 책 한 권을 통째로 기억하고 있다. 말하는 것도 책 속의 문장이다. 그날부터 우리는 동물을 주제로 한 놀이를 한다. 좋아하고 관심 있는 이야기를 선생님과 하니 하고 싶은 이야기가 끝도 없이 많다. 너무 즐거워 일어나서 춤을 추기도 한다. 친구에게 이런 말을 했을 때 "넌 그게 왜 중요한데?"라는 핀잔을 듣기도 했다. 처음으로 주거니 받거니 대화를 하며 놀이에 빠지는 시간이 즐겁다. 지수의 눈빛이 나를 향해 있다. 공감받았을 때의 기분을 경험한다. 몇 달 전의 모습과는 많이 달라져 있다. 자기를 표현하는데 서툰 지수에게 그림으로 표현하기 놀이를 한다. 말로는 힘들었던 것을 그림으로 하니 표현이 자유롭다. 한때 엄마는 아이가 ADHD(주의력 결핍 및 과잉 행동 장애)가 아닐까 하는 의심을 했다. 또래 아이들과 너무 다른 딸이다. 이해하기도 힘들고 놀아주는 것도 힘들다. 이런 고민을 이야기하니 주위에서 조용한 ADHD도 있다는 말을 하며 검사를 권유한다. 아이를 제대로 알지 못하면 이런 오류를 범하기도 한다.

지수는 아직도 또래 아이들만큼 친구와 잘 어울리지 않는다. 친한 친구가 없는 것이 스트레스가 되지 않는다. 우울해하지도 않는다. 그렇다면 문제없다. 어울리고 싶을 땐 다가가서 놀기도 한다. 가장 사랑하는 엄마와 가족이 지수를 이해할수록 표정이 밝아진다. 웃음도 많아진다.

지호는 과학에 대한 많은 정보를 알고 있다. 과학책 보는 것과 보드게임을 좋아하는 평범한 8살 남자아이지만 한편으론 평범하지 않다. 과학

책에서 읽었던 이야기를 판타지로 연결하여 재구성하는 것을 좋아한다. 지호의 판타지 속에는 과학 배경지식에 절대적인 마법의 힘이 합쳐진다. 그 속에는 현실에서는 만족할 수 없는 자기 능력이 있다. 이야기하는 지호의 눈빛은 이미 판타지 속으로 가 있다. 마주 앉아서 대화하지만 눈빛은 허공을 향한다. 판타지를 이해하는 나에게 어떤 곳에서도 공감받지 못하던 이야기를 늘어놓는다. 맞장구를 칠 때 눈을 마주친다. 이야기 속에 빠져있던 지호가 그제야 선생님을 의식한다. 들었던 이야기에 구체적인 질문 하나씩을 던지며 상호작용 시간을 갖는다. "아, 그건요." 대답하며 자기의 지식과 판타지가 결합한 이야기를 나름 논리 있게 설명한다. 때때로 자기 생각 속으로 빠지는 지호를 엄마는 이해하기가 힘들다. 사소한 말 한마디에도 상처를 받아서 조심스럽다. 엄마에게 이런 판타지를 이야기하면 어떻게 받아줘야 할지 막막하다. 무슨 이야기인지 이해조차 안 된다. 말이 통하는 사람을 만난 지호는 허공에 있는 눈빛을 나에게로 고정하기 시작한다.

　지호가 하는 행동은 대부분 어설퍼 보인다. 콧물을 닦으라고 하면 휴지로 온 얼굴에 코를 묻힌다. 두꺼운 외투를 바닥에 떨어지지 않게 걸라고 하면 대 여섯 번을 반복하고서야 겨우 걸 수 있다. 자세히 관찰해 보니 소근육 발달이 미흡하다. 갓난쟁이 때부터 기관에 맡겨가며 키운 지호가 엄마는 안쓰럽다. 안쓰럽고 미안한 마음에 아이가 해야 할 일상의 대부분 일들을 엄마가 대신해 준다. 아이가 발달해야 할 기회를 빼앗는 행동이다. 스스로 할 수 있는 나이가 되어도 모든 행동이 어설프고 실수가 잦으니 엄마가 대신해 주게 된다. 지호는 세상에서 글쓰기가 가장 싫다. 신체를 움직여서 하는 것도 싫다. 행동도 느리다. 학교생활을 시작하면서 이런 자신을 깨달은 지호는 매사에 자신이 없다. 친구에게 다가가는 것도 두렵다. 눈빛이 흔들리고 어눌해 보이는 지호 옆에 친구들이 잘 오지 않는다.

지호에게 코 푸는 방법을 가르쳤다. 옷걸이에 옷을 거는 방법도 보여줬다. 신발을 벗고 가지런히 놓는 것도 보여준다. 일상의 작은 한 부분을 알려줬을 뿐인데 아이가 변하기 시작한다. 못하는 것을 처음부터 천천히 방법을 알려주기로 엄마와도 약속한다. 스스로 할 수 있는 일이 많아지면서 자신감이 생긴다. 차곡차곡 쌓인 자신감은 자존감으로 우뚝 선다. 땅속 잔가지가 많은 나무가 잘 흔들리지 않는 것처럼 자존감이 지호를 세운다. 튼튼하게 서 있는 지호는 자기 세상 속에 있는 판타지도 친구가 공감할 수 있게 이야기하고 재미있는 놀이로 발전시켜 나간다. 흔들리던 눈빛도 고정되어 상대방을 향한다.

눈빛을 교환하며 대화하는 것을 좋아한다. 친구와 마음을 나누며 이야기하는 시간은 피곤하지도 않다. 공감받고 내 이야기를 하는 시간이 소중하다. 아이들도 그렇다. 엄마와 눈빛을 교환하며 하고 싶은 이야기를 하며 상상력을 키운다. 사랑하는 마음이 커진다. 바쁘다고, 아이를 이해할 수 없다고 등을 돌리며 이야기하던 옛날은 잊고, 지금부터라도 눈을 바라본다. 그 속에 아이의 마음이 있다. 반짝이는 눈빛을 보면 사랑할 수

밖에 없는 아이가 내 앞에 서 있다. 작은 입으로 재잘거리는 아이의 모습은 사랑이고 행복이다. 지금 딱 이 시기에 엄마가 필요한 아이가 재잘거리고 있다. 맞장구를 쳐주고 바라봐주는 것만으로도 아이의 성장을 돕는 일이다. 설거지를 잠시 멈추고 아이의 눈을 바라보자.

책과 함께 생각하기

아이들을 성장시키는 진정한 용기를 일깨워주는 창작 그림책입니다. 높은 다이빙 보드에서 뛰어 내리는 적극적인 용기에서부터 말하기 힘든 것을 정직하게 말하거나 사랑하는 사람과의 이별을 참아낼 수 있는 소극적인 용기에 이르기까지 작가는 그림 속에서 작은 듯 큰 감동을 우리에게 선사해 주고 있습니다. 저자는 겉으로 보면 소극적인, 또는 시켜서 하는 결단의 과정에서도 아이들에게는 조용한 용기가 숨겨져 있음을 말해주고 있습니다.

– 버나드 와버 『용기』

💡 생각 질문1

하루 몇 분 아이와 눈 맞춤을 하나요?

💡 생각 질문2

용기를 낼 수 있는 말은 어떤 말인가요?

6.
왕따가 된 아이
〈8~13세〉

    산골 벽지촌에 같은 학년의 아이들이 많이 살았다. 학교로 가는 지름길은 산길을 따라 고개를 굽이굽이 넘어야 한다. 바지런히 걸어서 한 시간이 걸리는 길이다. 아침에는 등교 시간에 맞춰 가야 해서 모두 바삐 움직인다. 하굣길은 동네 친구들의 놀이터다. 졸졸 흐르는 시냇물에서 파릇한 풀들을 찧어서 떡을 만들고 돌멩이를 쌓아서 집을 만든다. 자연과 함께 어울리며 소꿉놀이에 빠진다. 숲속에서 하는 숨바꼭질은 놀이 중의 최고이다. 커다란 나무 등지에 숨을지, 움푹 파인 흙더미에 숨을지 고민하며 숨죽이고 술래 몰래 숨는 재미는 보물찾기 같다.

    언덕에서 뛰는 달리기도 재미있다. 시원한 바람이 불어오는 산등성이에서 "시작!"과 함께 뛴다. 등에서 들썩이는 책가방과 한 몸이 된다. 뺨을 살짝 간지럽히는 바람과 따뜻하게 내리쬐는 햇볕은 우리를 응원해 주는 친구 같다. 이 글을 쓰면서 잊고 있던 친구가 생각나면서 마음 한켠이 불편하고 아린다. 놀이에서 우리가 따돌렸던 친구가 있다. 생일이 늦어 또래보다 말이 어눌하고 시키는 대로 하는 착한 친구이다. 우리가 귀찮아하고 하기 싫은 역할을 그 친구에게 시킨다. 술래를 많이 시키고 소꿉놀이할 때는 돌맹이를 주워오라고 시킨다. 어떤 친구는 심통이 나면 같이 다니던 길에 금을 그어 놓고 그 아이가 지나가지 못하게도 한다. 마음에 들지 않는 말과 행동을 하면 벌금을 매겨 돈을 달라고도 한다. 지금 생각하면 요즘 말하는 '왕따'와 닮았다. 부끄럽다. 직접 한 행동은 아니지만 옳지 못한 행동을 그저 방관하며 보고 있었다. 초등학교를 졸업하면서 더 이상 그런 일은 없었지만 "왕따"라는 말을 들을 때마다 생각나면서 가슴 한쪽이 아프다. 상담사로 살면서 추억 속에 있는 아픈 한 조각을 치유하기 위해서라도 꼭 한 번은 사과하고 싶다.

재희가 그룹 활동 중 갑자기 울음을 터뜨린다. "너희들은 왜 모두 나를 미워해? 난 학교에서도 왕따란 말이야!"하고 외치며 대성통곡을 한다. 아이들은 그런 재희를 보며 머쓱해 하더니 자리를 피한다. 울음을 그치지 않는 재희에게 왜 왕따라고 생각하느냐고 묻는다. 게임을 하면서 세 명의 친구가 똘똘 뭉쳐서 자기 말을 막는다고 한다. 전략을 짤 때도 자기들끼리 속닥거린다고 했다. 함께 있었던 내 느낌과 재희의 느낌이 다르다. 게임을 할 때 자꾸 짜증을 내는 재희가 불편했던 친구들이 서로 눈빛을 교환했던 것이 자기를 따돌린다고 생각한다. 친구들은 원하는 대로 되지 않으면 짜증부터 내고 표정이 달라지는 재희가 불편하다.

학교 선생님들을 만나 왕따에 대한 이야기를 들어보면 왕따를 당하는 아이들은 다 이유가 있다고 말한다. 이유를 불문하고 왕따를 하는 아이도 당하는 아이도 아직 미성숙한 아이들이기 때문에 그들의 정서를 어루만져주고 도와주어야 한다.

재희는 평소에도 신경질적이다. 책을 많이 읽어 또래 아이들보다 아는 것이 많다. 여러 분야의 책을 골고루 읽어 해박한 지식을 갖고 있다. 나와 대화를 해도 뒤떨어짐이 전혀 없다. 친구들이 보는 재희는 잘난 척을 잘하는 아이다. 재희 입장에선 잘난 척을 한다기보다 알고 있는 사실을 정확하게 알려주고 표현하는 것일 뿐이다. 기분 나쁠 때 짜증 내고 신경질을 내는 자기를 친구들이 왜 이해해주지 않는지 슬프다. 자기는 그렇게 짜증 한번 내고 나면 기분이 풀린다고 말한다. 그러면서 다른 친구가 화를 내면 참지 못한다. 왜 그렇게 화를 내는지 따지고 물으며 분위기를 가라앉게 한다. 재희의 직설적인 표현으로 한참 사춘기 감성이 시작된 여자아이들은 상처를 받는다. 자기 기분이 가장 우선인 재희는 다른 친구들의 감정을 무시한다. 화를 참지 못한다. 이런 재희 옆에 친구가 다가오지 않는 것은 당연하다.

학기 초가 되면 기대와 불안한 마음이 공존한다. 새로운 친구를 사귀게 될 것이 기대되고 또다시 혼자가 되면 어쩌나 하는 두려움도 있다. 재희의 성격을 겪어 본 아이들은 재희를 멀리한다. 집에서 엄마와의 관계도 좋지 않다. 시시때때로 변하는 재희의 감정에 장단을 맞추기가 어렵고 짜증 내는 정도가 학교에서 더욱더 심하다. 어린이집을 다닐 때는 다른 친구들을 물고 공격적인 성향 때문에 놀이 치료를 받은 적도 있다. '크면 괜찮아지겠지' 하며 참았던 엄마도 힘들다. 친구에게 따돌림받는다며 우는 딸이 안쓰럽다가도 밉다. 엄마의 눈빛은 애증이다. 작은딸을 향한 마음과 눈빛과는 아주 다르다. 사랑한다고 표현을 잘하고 잘 웃는 동생은 한없이 사랑스럽고 재희는 부담스럽다. 또 언제 터질지 모르는 화산 같은 존재이다.

재희는 마음을 나눌 사람이 없다. 책에서 본 것들을 이야기하며 놀고 싶다. 처음 재희와 마주 앉아 책 이야기를 꺼냈을 때의 표정을 잊을 수 없다. 한 번도 진지하게 이야기해 본 적이 없는 재희는 마치 자기가 책 속의 주인공이 된 것처럼 신난다. 마음을 나누며 이야기하니 마음속 이야기도 술술 한다. 까칠한 말투도 부드러워진다. 종종 책 속의 캐릭터를 어떻게 생각하냐는 질문을 던지기도 한다. 내 대답을 듣고 자기의 생각을 이야기한다. 현실에서도 적용해 보기로 한다. 감정 표현이 서툴고 원하는 대로 되지 않으면 짜증부터 내는 모습을 깨닫는다. 엄마에게는 더 많이 짜증을 냈지만 사실 엄마를 가장 사랑하는 자기를 안다.

감정 표현하기부터 연습한다. 관계 맺기에서 공감하고 경청하기는 가장 기본이다. 자기를 들여다보는 시간도 갖는다. 왜 그토록 화가 나는지도 살펴본다. 나와 몇 번 만나지 않았는데 달라지는 딸의 모습을 보고 엄마는 놀란다. 부드럽게 말하고 엄마에게 고맙다는 표현도 자주 하니 모녀 관계도 좋아진다. 재희는 단지 이야기가 하고 싶었다. 욕구가 해소되지 않으니 공격적인 말과 행동을 하고 주변 사람들을 불편하게 했다. 배려에 대한 것도 알게 되었다. 손을 내미니 기다렸다는 듯이 잡아준 재희가 고맙다. 학교에서 왕따라고 외치며 도와달라는 신호를 보낸 재희다. 이렇게 도와달라고 표현하는 아이에게 정성을 다해 도움을 주어야 한다. 재희는 표현이라도 했지만, 외롭고 힘들어도 표현하지 않는 아이에게는 더 관심을 가지고 지켜보아야 한다.

　죽고 싶다는 말을 자주 하는 민희를 만났다. 친구 때문에 우울하다. 이제 3학년이 된 민희는 학교에서 혼자다. 따돌림을 받는다기보다 스스로 혼자 있기를 택한다. 표정이 어둡고 눈빛에 긴장감이 돈다. 친구에게 거절을 당할까 봐 두렵다. 학교에 가기 싫다는 말도 자주 한다. 유치원 다닐때도 친구 관계 때문에 힘들어서 상담센터를 다닌 경험이 있다. 나와 둘이 마주 앉은 민희는 경계하는 눈빛이 역력하다. 반대로 지금 자기가 얼마나 힘든지 이야기한다. 학교 가기 싫다는 말과 죽고 싶다는 말을 하는 딸이 '그러다 말겠지.' '관심받으려고 하는 행동이야!'라고 부모는 생각한다. 내가 본 민희는 바쁜 엄마 아빠에게 관심을 받기 위해 그런 말을 던지기도 하지만 진심이 담겨 있다. 민희 엄마는 자기가 봐도 친구가 싫어할 행동을 한다며 민희에게 불만이다. 친구에게 직설화법으로 말을 해 종종 작은 다툼이 일어난다. 여자아이들끼리 놀다 힘이 센 아이가 "재랑 놀지 마!"라며 은근한 따돌림을 받으며 상처를 받은 적이 있다. 그 이후론 친구들 앞에서 말도 잘 하지 않는다. 가족들조차도 민희의 말투와 행동이 마음에 들지 않는다고 한다.

민희가 가장 좋아하는 사람은 언니다. 언니는 자기에게 사랑을 많이 주고 따뜻한 사람이어서 좋다고 한다. 엄마의 말을 전해 들으면 그렇지 않다. 언니는 민희를 부담스러워 하고 싫어한다. 민희에게 가장 만만한 사람은 할머니다. 어릴 때부터 같이 살며 키워준 할머니에게 함부로 말을 한다. 학교에서 받은 스트레스를 할머니에게 다 푼다. 엄마 아빠는 그런 민희를 보면 잔소리를 시작하고 민희는 야단을 맞고 풀이 죽어 있다. 가족은 민희를 감싸줄 여유가 없다. 유치원 때, 문제를 인식한 엄마는 다니던 직장을 그만두고 아이와 함께 노력했다. 사회성이 좋아지고 밝아진 아이를 보며 안심을 하며 지냈다. 그러다 일을 다시 시작하게 되었고 민희가 힘들다고 얘기하는 것을 대수롭지 않게 생각했다. 또다시 아이 때문에 직장을 그만두자니 엄마도 우울하다.

지금 민희에게 가장 중요한 건 관심이다. 그래도 너를 사랑한다는 표현이다. 죽고 싶다는 말은 과장되긴 했지만 거짓이 아니다. 힘드니 "나를 좀 도와주세요."라는 외침이다. '원래 저런 아이야.'라고 생각하는 것은 일상의 시간을 소비해야 하는 번거로움을 피하기 위한 변명이다. 원래 그런 아이, 원래 나쁜 아이는 없다. 아이의 행동에는 이유가 있기 마련이다. 10살 아이의 작은 가슴으로는 감당하기 힘든 우울과 외로움을 이해해야 한다. 그리고 도와주어야 한다.

가족과 함께 하는 시간을 많이 가진다. 함께 하는 시간이 많을수록 대화하는 시간도 많아진다. 민희는 좋아하지만 언니는 싫어하는 민희의 단점을 일깨워 주고 고치도록 노력해야 한다. 가장 가까운 곳에서의 사회, 가정에서부터 사랑을 주고받는 경험을 많이 해야 한다.

"선생님, 우리 아이가 왕따가 되면 어떡하죠?" 이런 질문을 하며 걱정하는 부모를 가끔 만난다. 다른 친구들은 다 하는 게임을 몰라서, TV 캐릭터를 몰라서, SNS를 안 해서, 휴대폰이 없어서……등 다양한 이유를 든다. 따돌림을 받을까봐 걱정하는 부모의 마음은 당연하다. 친구들이 다 아는 게임을 모르면 대화에 끼어들 수 없고 무시당할까 봐 걱정이다. "그것 때문에, 할 수 없이 그랬다"는 이유로 내 기준에서 벗어난 걸 아이에게 주고 흔들린다. 양육의 기준을 정확하게 정하고 일관성 있는 태도를 유지하고 있다면 흔들리면 안 된다. 그런 것을 견뎌내는 내면의 힘을 키워주어야 한다.

왕따가 된 경험은 큰 상처가 된다. 친구 때문에 힘들어하는 아이를 지켜보는 것도 힘들다. 걱정스러운 마음에 부모가 끼어들면 문제가 더 복잡해지기도 한다. 상처를 이겨낼 힘이 필요하다. 누구나 겪을 수 있는 힘든 일을 이겨 낼 수 있는 힘, 회복탄력성이다. 온실 속 화초는 자연의 풍랑에 견디는 힘이 약하다. 소나기를 맞고 태풍에 찢기기도 하며 뿌리를 깊이 내린 나무는 언제 다시 불어올 태풍이 두렵지 않다. 조금 기울어지더라도 다시 튼튼한 뿌리를 내려 파릇파릇한 가지와 잎을 돋우는 나무가 된다.

책과 함께 생각하기

여자아이가 혼자 들판에 놀러 나왔다가 동물 친구들과 함께 놀게 되기까지
의 과정을 수수하게 그린 책입니다. 누구랑 같이 놀고 싶은 마음이 간절한데
아무도 놀아주지 않는 외톨이 꼬마의 쓸쓸함을 섬세하게 표현하였습니다.

해가 뜨자 풀잎에 이슬이 맺혔습니다.

나는 들판으로 놀러 나갔죠.

메뚜기 한 마리가 들풀 이파리에 붙어 있었습니다.

아침밥으로 이파리를 먹고 있었던 거예요.

내가 말했죠.

"메뚜기야, 나하고 놀래?"

내가 메뚜기를 붙잡으려고 하자, 메뚜기는 톡톡 튀어 달아나 버렸습니다.

(…)

– 마리홀 에츠 『나랑같이 놀자』

💡 생각 질문1

왕따를 당할만한 이유는 타당한가요?

💡 생각 질문2

자기를 사랑하는 방법이 따로 있나요?

7.
도전하지 않는 아이
〈8~13세〉

보드게임을 하다가 질 것 같으면 게임 자체를 포기하는 아이가 있다. 한 번 진 경험이 있는 게임은 다음번에도 선택하지 않는다. 다시 해 보자고 해도 듣지 않는다.

소영이도 그렇다. 나와 마주 앉아 게임을 하고 있는 표정이 굳어져 간다. 내 말이 몇 칸씩 앞서갈 때마다 한숨 소리와 짜증 섞인 손놀림을 하며 불만을 표시한다. 앞서가는 말을 따라잡지 못할 것이라는 생각을 하고부터는 그만하고 싶다고 한다. 게임은 끝까지 해봐야 결과를 알 수 있고 무슨 일이든지 그렇다고 말하는 내게 뾰로통해 진다. 마지못해 끝까지 했지만 결국 소영이가 졌다. 극적인 반전이 있었으면 좋았을 텐데, 이럴 땐 놀이 치료를 하고 있는 나도 난감하다. 주사위를 굴려 운으로 승부를 거는 게임이다 보니 어찌할 수 없다. 4학년이 된 소영이는 스스로 하는 것이 별로 없다. 하고 싶은 것도 별로 없다. 보드게임을 좋아해서 놀이 치료 도구 정도로만 사용하고 있다. 정서적인 미성숙함도 많이 보인다. 아기처럼 말하고 유아기 아이들이 좋아하는 언어에 반응한다. '엉덩이, 방귀, 똥' 등의 단어가 나오면 깔깔 웃어댄다. 겁이 많고 새로운 것에 대한 호기심도 없다. 좋아하는 놀이도 유아기 수준이다. 몸은 11살이지만 마음은 아직 7살 동생과 비슷하다.

미성숙한 마음은 행동을 지배한다. 겉으로 보기에는 의젓한 누나 같지만 행동과 말은 동생보다 더 어려 보일 때가 많다. "너는 누나가 왜 그러니? 좀 의젓하게 행동할 수 없니? 이제 네 일은 네가 알아서 좀 해!"와 같은 말은 소영이 귀에 들어오지 않는 잔소리일 뿐이다.

마음이 성장할 때까지 기다려주어야 한다. 놀이에서 유아기에 보이는 특징을 나타내는 소영이에게 맞는 자극을 주어야 한다. 스스로 했을 때 칭찬해준다. 유치하다고 핀잔을 주지 않는다. "나이가 몇 살인데 아직 그것도 못 하나?"고 윽박지르지 말아야 한다. 아이를 너무 잘 알고 있는 엄마에게 일상생활에서 격려해주기를 실천하도록 했다. 처음부터 실천이 힘들었던 엄마도 나의 격려를 받으며 노력하고 있다.

어느 날 퇴근한 엄마에게 달려오며 "엄마, 나 엄마한테 칭찬받으려고 샤워도 혼자 하고 머리도 말렸어."라며 뽐내며 자랑을 한다. 시작이 반이다. 자기 자신도 제대로 챙기지 못하는 아이를 투덜대고 나무라며 다 해

주었던 부모는 '처음부터 다시 시작이다.'는 마음으로 대하고 있다. 아이를 기다려주고 믿어주니 일상의 모습부터 달라지기 시작한다. 쉽게 도전하지 않던 소영이가 변하기 시작한다. 지난번 참패했던 게임을 들고 와서 다시 해 보자며 도전장을 낸다.

실패를 두려워하는 아이는 새로운 것에 쉽게 도전하지 않는다. 물을 쏟은 아이에게 "괜찮아, 닦으면 돼."라고 말해 주고 쏟아진 물을 스스로 닦을 수 있는 환경을 마련해 주어야 한다. 실수했을 때 수치심과 죄책감을 주는 행동과 말은 아이를 위축되게 만든다.

혁이가 7살 때, 다 함께 둘러앉아 밥을 먹고 싶었던 나는 거실에 상을 펴고 식사를 준비했다. 혁이랑 함께 상 다리를 펴고 여러 가지 반찬을 담고 가족들의 수저를 놓았다. 밥과 국을 준비해서 상에 올리는 순간 한쪽으로 기울어진 밥상으로 반찬과 국이 와르르 쏟아지고 만다. 거실은 아수라장이 되었고 나와 혁이는 몇 초 동안 입을 벌리고 서 있었다. 우리의 정신을 깨운 건 아빠의 짜증이다. 늘 하던 대로 식탁에서 먹었으면 별일 없었을 텐데 일을 만들었다며 투덜거린다. 정신을 차리고 쏟아진 반찬과 국을 빨리 정리한다. 혁이는 자기가 폈던 상다리 때문에 벌어진 일이라 아빠의 짜증이 자기를 향한 것으로 생각했는지 얼굴에 긴장감이 역력하다. "혁아, 너 때문이 아니야. 괜찮아. 쏟아진 건 치우면 된단다. 엄마 좀 도와줄래?" 했더니 미안한 마음에 얼른 거든다. 아이에게 도와줘서 고맙다고 전하고 꼭 안아주었다. 짜증을 냈던 아빠도 사과한다. "누구나 실수할 수 있어. 그런데 중요한 건 실수한 것을 어떻게 해결하느냐 야." 그 이후로 혁이는 실수할 때마다 문제를 해결하려고 노력한다. 실수한 건 본인이 가장 빨리 느낀다. 해결하려는 순간 야단맞거나 체벌을 받으면 다음에 같은 실수를 했을 때 심장부터 두근거린다. 그 행동을 할 때마다 실수할까 봐 겁이 나고 긴장할 수밖에 없다.

지안이는 완벽한 성향을 가지고 있다. 누가 뭐라고 하지 않아도 자기의 실수를 용납하지 못한다. 무슨 일에서든 심각하고 진지하다. 쉬운 문제를 푸는데도 혹시 틀릴까 봐 몇 번을 계산하고 확인한다. 학습이 즐겁지 않고 매사에 피곤하다. 새로운 것에 도전하는 것도 두렵다. 틀릴까 봐, 늦게 할까 봐 걱정한다. 친구와 자기를 비교하고 견준다. 승부에도 집착한다. 지안 엄마는 아들이 때에 맞게 필요한 것을 배웠으면 한다. 엄마의 설득으로 시작은 하지만 얼마 지나지 않아 곧 흥미를 잃는다. 그때부터 계속하기를 원하는 엄마와 제발 그만했으면 하는 아들의 밀고 당김이 시작된다.

지안이가 배우고 있는 여러 가지 활동들은 대부분 엄마가 선택했다. "지안아, 피아노 배워볼까?" "아니요. 싫어요." 지안의 대답을 예상한 엄마는 여러 가지 달콤한 보상을 걸며 아이를 설득한다. 시작한 건 한 단계씩 올라갈 때마다 뒤처지고 싶지 않다. 즐겁게 배우는 건 남의 일이다. 표정은 늘 굳어있고 스트레스를 많이 받는다. "이제 힘들어서 못 하겠어요. 그만하고 싶어요." 반복되는 지안의 일상이다.

남이 시켜서 하는 일은 재미가 없다. 스스로 선택하고 결정하며 시작한 일이 거의 없는 지안의 배움이 그렇다. 아주 사소한 일이라도 혼자 선택하고 실천하는 경험이 필요하다. 그걸 해냈을 때 만족감과 성취감은 또 다른 것을 시작할 있는 힘이 된다. 강박으로 확인하는 아이에게 "그정도면 충분해. 이제 그만해,"라는 말은 도움이 되지 않는다. 스스로 안심이 될 때까지 기다려 준다. 실패한 경험을 했을 때 공감하는 말과 격려를 아끼지 않는다. 열심히 하려고 노력하는 지안의 모습 그 자체를 격려해 준다.

시작할 때 에너지를 다 써버려 길게 가지 못하는 지안이다. 다른 아이들에게는 단계를 올라가며 맛보는 성취감이 지안에게는 부담이다. 과정을 즐길 수 있게 용기와 격려를 듬뿍 준다. "어려운 걸 끝까지 해내는 네가 자랑스러워." "힘든 걸 참고한 게 느껴지는구나, 엄마라도 힘들었을 거야." 공감도 해 준다. 배우는 것도 선택할 수 있게 기다려 준다. "아이를 기다리다가 일 년이 지나가 버리면 어떡하죠?" 엄마의 지혜로운 자극이 필요하다. 우리 삶이 '커다란 항아리에 물을 가득 채우는 일'이라고 가정하면 이제 밑바닥이 보이지 않을 만큼의 물을 채운 아이들이다. 물을 가득 채우기 위한 힘은 지금 키워야 한다. 든든하게 밥을 먹고 에너지를 보충하는 것도 중요하지만 끝까지 채워 넣을 수 있는 마음의 힘이 더 중요하다. 마음이 자라도록 도와주고 좋은 영양분을 골고루 주자.

대가족이었던 우리 집은 커다란 상에 할머니까지 빙 둘러앉아 밥을 먹었다. 일곱 식구의 젓가락질은 현란하다. 동생도 하는 젓가락질을 못해서 밥 먹을 때마다 가족의 손가락 놀림을 훔쳐본다. 나도 폼나게 젓가락질을 하고 싶다. 작은 멸치 한 마리를 가느다란 젓가락으로 콕 집어서 입속으로 가져가고 싶다. 내 반찬은 언제나 곡예를 하며 공중에서 툭 떨어진다. 어느 날은 물김치통에, 또 어느 날은 국물에 툭! 아버지가 "우리 정애도 할 수 있어. 자 아버지가 하는 걸 따라 해 봐." 하며 눈앞에서 보여 준 자세한 설명에 용기를 얻는다. 반복하고 또 반복했다. 아버지의 격려 한마디가 도전하게 만든다. 몇 날을 연습한 끝에 드디어 나는 멸치 한 마리를 이웃집에 보내지 않고 곧장 입으로 가져가는 데 성공했다. 너무 기뻐서 "야호" 소리가 절로 나왔다. 아버지는 빙긋 웃으며 다른 것도 집어 보라고 한다. 밥 먹는 시간이 신났다. 아주 어렸을 적 이야기지만 어제처럼 생생하게 기억나는 추억이다.

실패를 경험 삼아 다시 도전한다는 것은 쉬운 일이 아니다. 실패했을 때 느꼈던 낙담이 더 두렵다. 아예 포기하고 다른 방법을 찾을 수도 있다. 내가 젓가락질에 성공하기까지 연습하며 도전하게 만든 건 아버지의 격려 한 마디였다. 나도 잘하고 싶다는 마음속 방망이질이었다. 거듭되는 실패에 "으이그, 그냥 손으로 먹지 그래? 동생도 하는 걸 넌 왜 그 모양이야?"라는 말을 들었다면 '젓가락질 같은건 안해도 돼!'라며 아직도 손가락으로 하는 것은 미숙한 어른이 되었을지도 모른다.

도전하지 않는 아이의 마음에는 두려움이 가득 차 있다. 성공한 경험이 많이 없어 에너지도 바닥에 있다. 아이의 에너지를 끌어 올려야 한다. 아이들은 근본적으로 에너지가 넘친다. 그렇지 않은 아이들은 이유가 있다. 우울하거나 과한 스케줄로 피로가 쌓인 경우도 있다. 이럴 땐 어떤 것을 권유해도 심드렁하다. 마음이 힘든 아이에게는 위로해 주고 피곤하고 지쳐있는 아이에게는 휴식을 준다.

하고 싶은 마음을 갖도록 부모의 배려가 필요하다. 도전을 잘 하지 않는 아이와 게임에서는 져 주는 것도 방법이다. 이겼을 때의 만족감과 기쁨은 또다시 시작할 힘을 만들어 준다. 원리원칙을 따지며 이기는 기쁨을 빼앗는 실수를 하지 않도록 한다. 함께 즐기는 과정이 더 재미있다는 것을 서서히 느끼도록 해 준다. 일상에서도 비슷한 경험을 할 수 있도록 한다.

책과 함께 생각하기

친구의 생일 파티에 처음으로 초대받은 조는 엄마와 함께 친구의 집을 찾아 나섰지만 앞으로 일어날 일에 대해 걱정이 앞섰습니다.

"모르는 애가 있으면 어떡하지?"

"사람들이 엄청 많으면 어떡하지?"

"내가 싫어하는 음식들만 있으면 어떡하지?"

친구 톰의 집을 찾아가는 내내 낯선 상황에 대한 걱정은 점점 커지고 맙니다. 괜찮을 거라며 엄마가 아무리 다독여도 조는 여전히 불안합니다. 이런 마음 때문일까요, 톰의 집인가 싶어 들여다 본 낯선 집들의 광경은 엉뚱하고 황당하기만 합니다.

— 앤서니 브라운 『어떡하지?』

💡 생각 질문1

실패가 두려운 아이에게 해 줄 수 있는 말은 무엇일까요?

💡 생각 질문2

도전하지 않는것이 나쁜가요?

4장

문제 있는 아이는 없다

옛 어른들의 '열 손가락 깨물어 안 아픈 손가락이 없다'는 말의 의미를 안다. 지난 25년 동안 수많은 아이를 만났다. 한명 한명이 소중한 아이들이다. 내가 만난 아이들은 문제 있는 아이들이 아니다. 표현 방법이 조금 다르고, 발달에 개인 차가 있을 뿐이다. 문제라고 생각하면 심각해진다. 자라면서 누구나 있을 수 있는 일이고 지금 잠시 특별하게 보이는 것일 뿐이다.

아주 오래전 방문 수업을 갔다가 아이를 진단한 일이 있다. 지금까지 봐 왔던 아이와는 달랐다. 말이 어눌하고 신체발달도 느리다. 산만하고 대화도 잘 안 통한다. 기분이 나쁘면 심하게 표현하고 동생보다 더 아기처럼 군다. 6살이지만 인지발달도 느리다. 아이에 관해서는 좀 안다고 생각한 나는 엄마에게 다른 아이와는 다르니 검사를 받아보라고 권했다. 아주 건조하고 상투적인 말이었다. 교사 앞에서는 그러겠다고 대답한 엄마는 다음 날 회사에 전화해서 한바탕 난리를 쳤다. 자기 아이에 대해서 함부로 말한 선생을 용서할 수 없다고 한다. 알 고보니 그 아이는 발달이 느려 이미 치료센터를 다니고 있었다. 방문한 선생이 마치 커다란 문제가 있는 듯이, 그것도 아이에 대한 애정은 전혀 담지 않은 채 말하는 것을 듣고 엄마는 상처를 받았다. 지금 생각해 보면 정말 어리석고 부끄러운 일이다. 그 사건으로 나는 큰 깨달음을 얻었다. 내가 얼마나 부족한 사람인지, 세상에 문제 있는 아이는 없다는 것을. 어떤 아이든 부모에게는 소중하고 귀한 존재이다.

부모가 버려야 할
우선순위는 '조급함'

엄마가 되면서 가장 많이 하는 것이 옆집 아이와의 비교다. 이유식을 잘 안 먹으면 발달이 비슷한 아이 이야기를 듣고 안절부절못한다. 걸음마가 느리면 뭔가 큰 문제가 있는 게 아닐까 걱정한다. 엄마의 걱정과는 상관없이 아이는 걸을 때가 되면 걷는다. 조리원에서 만나 친구가 된 아이는 재잘재잘 말을 하는데 내 아이는 엄마 아빠도 겨우 하면 마음이 조급해진다. 엄마가 되고 가장 조급해지는 때다. 말문이 늦게 틔는 아이도 있다는 할머니 할아버지의 조언을 들어도 도무지 마음이 놓이지 않는다. 어린이집 하원 후에도 언어치료를 받으러 아이를 데리고 다닌다. 그렇게 기다리던 말문도 때가 되니 터진다. 인간의 발달에는 개인 차가 있다는 당연한 상식을 엄마가 되면서 망각해 버린다.

학교에 입학하면 성적을 비교하기 시작한다. 옆집 아이가 하는 사교육을 내 아이도 받게 하고 혹시 낮은 성적이라도 받게 되면 기분도 좋지 않다. 비교하고 조급해하는 마음이 여기서 끝나면 얼마나 좋을까. 좋은 대학에 못 가게 될까 봐, 취직이 잘 안 될까 봐. 이 외에도 아이의 개인 차나 성향과 생각은 고려하지 않고 조급함으로 부모가 저지르는 실수는 셀 수 없이 많다.

조급함은 부모 욕심에서 비롯된다. 옆집 아이보다 더 빨랐으면 좋겠고 무얼 하든 잘했으면 좋겠다는 마음이 우선이다. 혹시라도 뒤처지게 될까 봐 어릴 때부터 여러 가지 수업으로 일과를 가득 채운다. 유치원 때부터 학원에 적응하는 요즘 아이들이다. 초등학교를 입학하고 학년이 올라갈수록 해야 할 것은 더 많아진다. 빡빡한 일정을 말하는 아이의 눈빛에는 반짝임이 없다.

엄마들에게 아이를 쉬게 하라, 빈둥거리게 하라는 주문을 하면 모두 아이가 원해서 시키는 것이라고 항변한다. 의사 표현이 서툰 아이가 진짜 원하는 것은 무엇인지 생각해 보자.

만나는 아이들의 대부분이 손톱을 물어뜯는다. 부족함 없이 자란 환경의 요즘 아이들에게서 불안을 목격한다. 아이들은 그 불안의 실체를 스스로 잘 알지 못한다. 쉼 없이 빠르게 돌아가는 일상과 해야 할 일들이 너무 많은 아이들이다.

많은 일정을 소화해야 하는 아이들은 부모의 조급함의 피해자가 아닐까. 너무 무신경하고 방관하는 것도 문제지만 과한 것은 안 한 것만 못하다. "때가 되면 다 하게 된다."는 인간발달의 진리를 너무 늦지 않게 깨닫기를 바란다.

부모라면 내 아이가 뭐든 열심히 도전하며 활발하게 생활하기를 바란다. 두려워서 떨고 있는 아이의 등을 세차게 밀어 버리면 한 발짝 다가서는 것 같지만 마음속으로는 일보 후퇴한다. 기다림은 나를 수양하는 일이다. 엄마의 조급함을 먼저 다스려야 한다. 아이를 기다려 주는 일은 말처럼 쉬운 일이 아닌 걸 안다. 대학생이 된 아들한테 아직도 입만 열면 잔소리가 먼저 나오려고 한다. 꿈을 찾고 힘든 여정을 보냈으면 실천할 시간도 모자랄 판에 느긋한 아이가 마음에 안 든다. 조급하고 못 미더운 내 마음이 아이를 기다려주기 힘들게 한다. 잔소리가 나올라치면 침 한 번 넘기고 꾹 참는다. 솔직히, 나도 어떤 경우에는 못 미더울 때가 있다. 그래도 생각과는 다르게 "너를 믿는다."는 말이 나온다. 마음도 그러하기를 수양한다.

조급하고 불안한 마음은 내 마음이다. 그것을 들키지 않는 수양을 한다. 세련되게, 멋지게. 새로운 것에 도전하는 모습을 자주 보여준 엄마다. 늦깎이 공부하기, 새벽 독서모임 가기, 운동하기 등 소박하고 거창하지 않은 것들이다. 엄마의 삶을 보고 어느 날 아들이 "엄마가 멋있다."는 말을 한다. 엄마의 모습을 보고 자란 아들도 언젠가 자기가 생각하는 멋있음을 실천하며 살지 않을까 한다.

1
말이 늦는 아이
〈3~6세〉

　또래 아이는 말을 곧잘 하는데 내 아이가 잘 못 하면 불안하다. 문제가 있는 게 아닌지 걱정부터 된다. 언어 발달은 듣기와 말하기 단계를 거친다. 듣기 단계의 아기는 옹알이를 한다. 이때부터 눈 맞춤을 하며 상호 작용을 해 주면 아이의 언어 발달에 도움이 된다. 아이는 환경에서 나타나는 여러 가지 소리를 들으며 성장한다. 부모의 목소리에 민감하고 특히 엄마 목소리를 좋아한다. 돌 지난 아이는 처음으로 의도적인 단어를 사용하고 단어만 말하던 아이가 24개월이 지나면서 문장으로 말한다. 이때를 '언어의 폭발 시기'라고 한다. 어느 날 갑자기 말문이 터지는 것처럼 보이지만 그동안 수많은 단어와 문장을 들으며 기억했던 말을 한순간 뱉기 시작한다. 이런 발달 시기를 거치는 것이 정상이라고 생각하는데, 30개월이 지나도 말을 못 하는 아이는 걱정스럽다. 언어 치료를 받기도 하고 병원을 찾기도 한다.

　정수는 36개월이 되어도 말이 늘지 않는다. 마음이 조급한 엄마는 여기저기 치료센터를 데리고 다닌다. 정수는 말로 표현은 잘 안 되지만 상호작용 하는 데는 무리가 없다. 놀이가 가능하고 대부분의 단어는 표현한다. 어린이집을 다니면서 순하기만 하던 아이가 공격적으로 변한다. 자기 말을 잘 알아듣지 못하는 친구들에게 과격해진다. 나와 놀이방에서 놀고 있는 민수는 불편함이 없다. 언어 표현이 서툴 뿐 원하는 것을 표현한다. 아이의 눈빛과 몸짓, 손짓, 표정을 보면 원하는 걸 알 수 있다. 정수가 서툰 표현을 하면 정확한 문장으로 들려준다. 말하고 싶었던 문장을 듣고 너무나 좋아하며 반긴다. 가끔 못 알아듣는 나에게 짜증을 내고 과격한 행동을 하기도 한다. 못 알아들어서 미안하다고 말하고 던지거나 화를 내니 선생님이 속상하다는 말을 전한다. 못알아듣는 나도 답답하고 정수도 답답하다. 서로의 답답한 마음에 공감하며 빵 터지게 웃었던 적도 있다. 이럴 땐 유머가 최고의 해답이다. 답답한 마음을 솔직하게 표현하고 웃기는 표정까지 지어주면 내 마음이 전달된다. 아직 작고 미성숙한 정수는 놀이방에서 선생님과 둘도 없는 친구가 된다. 빵빵 터지며 재미있는 놀이에 몰두하면서 다양한 표현을 하고 사용하는 어휘도 늘어난다.

　몇 달 뒤 정수의 말하기 수준은 눈에 띄게 발전해 있다. 너무 순한 영아기를 보내 엄마에게 요구하는 것이 별로 없었다. 이거 줄까? 저거 줄까? 원하기 전에 모든 것을 해결해 주니 말할 필요가 없다. 조용한 아기와 조용한 엄마는 말없이 지냈다. 걸어 다니기 시작하면서 원하는 게 있으면 "응응"으로 표현한다. "이거?"라는 단답형으로 대답하며 적절한 상호작용의 때를 놓치며 모방할 기회를 주지 못했다. 말을 배우는 시기의 아기를 키우는 엄마는 수다쟁이가 되어야 한다. 아이의 반응을 살피며 묻고 답하기를 반복한다. 옹알이하는 아기 때부터 눈을 바라보며 대화를 한다. 듣기부터 하는 아기는 엄마의 표정, 목소리, 입술 모양을 보고 들으며 그때부터 말하기를 위한 준비를 하고 있다.

느긋한 기질의 아이들도 말이 늦다. 현욱이는 다섯 살이 되면서 정확한 문장을 쓰기 시작한다. 엄마와 아빠가 느긋하고 아빠도 말을 늦게 했다고 한다. 아무리 그랬어도 다섯 살이 되어도 말이 어눌한 아들이 답답하다. 구강구조에 이상이 있지 않은 한, 말이 늦어서 걱정하는 부모에게 무조건 기다리라고 한다. 결국은 말을 한다는 것이다. 육 개월, 일 년의 차이로 조급해하며 걱정한다. 말이 늦은 아이들과 놀이를 해 보면 아이의 성향과 인지발달 정도를 알 수 있다. 말이 늦어도 인지발달에 문제가 없는 아이들이 대부분이다. 엄마는 한글을 가르치면 빨리 말할까? 어린이집을 빨리 보내면 좋지 않을까? 등의 고민을 한다. 가장 중요한 건 함께 있는 엄마와의 대화이다. 종일 있으면서 아이와 사용하는 어휘는 몇 개 되지 않는다. 현욱 엄마도 그렇다. 원래 말하기를 싫어한다. 수다쟁이가 되라는 말은 가장 실천하기 힘든 일이다. 온종일 아이와 있어도 몇 마디 하지 않는다. TV를 보여주거나 놀이터에서 노는 것을 지켜보는 게 전부이다. 변함이 없는 일상에서 아이와 나누는 대화는 정해져 있다. 말이 늦은 아이일수록 다양한 어휘를 사용하며 많은 대화를 하는 것이 도움이 된다. 그게 힘들다면 동화책을 보면서 이야기하는 것도 방법이다. 동화책에서 본 이야기로 역할 놀이를 한다. 발달에 따라 좋아하는 역할 놀이가 있다. 소꿉 놀이, 병원 놀이, 공룡 놀이, 자동차 놀이, 점토 놀이 등 아이와 함께 하는 시간에 엄마가 정성껏 놀아주며 대화를 한다. 이런 안내에 현욱 엄마는 곤혹스럽다. 길어봐야 3~4년이다. 말이 늦은 아이는 유전적, 기질적, 성향의 특성도 있지만 환경적인 이유도 있다. 적어도 환경적인 이유로 말이 늦은 아이로 키우고 싶지 않다면 듣기를 하는 영아기만이라도 집중하며 수다쟁이가 되자.

말이 늦는 증상은 아이의 발달에서 가장 흔하게 나타나는 경우이다. 무조건 걱정하지 않아도 된다. 또래 아이보다 너무 늦다고 생각하면 검사를 받아봐야 한다. 엄마 아빠가 말이 늦었다면 그럴 수도 있고, 환경적인 영향일 수도 있다. 말은 다소 느려도 인지발달에 아무런 문제가 없다면 기다리면 된다. 아이의 발달을 유심히 점검해 보고 어떻게 도와주어야 하는지 방법을 찾으면 된다. 도움이 필요할 때는 최대한 빠른 진단과 치료가 필요하다.

아이가 말이 늦을 경우 '내 탓'부터 하는 엄마를 가끔 본다. 주변 사람들도 "말이 늦은 아이를 왜 가만히 놔두느냐? 빨리 치료받아야 한다." 등의 말을 하면 마음이 더 조급해진다. 말이 늦는 이유는 한두 가지로 설명할 수 없다. 불안과 조급함을 가진 엄마의 모습이 아이에게 투영되어 아이도 더 예민해진다. 발달장애나 자폐증과 같은 특별한 경우를 제외하면 언젠가 말을 하게 된다.

　말이 늦다고 인지발달도 느린 것은 아니다. 아이를 가장 잘 이해하는 엄마와 상호작용을 많이 하여 수용언어를 경험하도록 한다. 듣고 이해하며 놀이가 가능한 아이는 기다려주면 된다. 어느 날 귀가 따가울 정도로 재잘거리는 아이를 만나게 된다. 사실 이렇게 열 번을 말해도 조급해지지 않기가 쉽지 않다. 옆집 아이와 비교하지 말고 자신의 양육 태도를 한 번 더 점검하고 기다려 주자. 아이는 믿고 기다려 준 부모에게 얼마 되지 않아 커다란 기쁨을 줄 것이다.

책과 함께 생각하기

무슨 일이든 다 때가 있다.

무릇 하늘 아래서 벌어지는 모든 일에는 때가 있나니

날 때가 있으면 죽을 때가 있고 심을 때가 있으면 거둘 때가 있다.

죽을 때가 있으면 살릴 때가 있고 허물 때가 있으면 세울 때가 있다.

울 때가 있으면 웃을 때가 있고 가슴 깊이 슬퍼할 때가 있으면 기뻐 춤출 때

가 있다. 돌을 버릴 때가 있으면 모을 때가 있고 서로 껴안을 때가 있으면 거

리를 두어야 할 때가 있다.

얻을 때가 있으면 잃을 때가 있고 잡을 때가 있으면 놓아 줄 때가 있다.

찢을 때가 있으면 꿰맬 때가 있고 입을 다물 때가 있으면 열 때가 있다.

사랑할 때가 있으면 미워할 때가 있고 싸울 때가 있으면 평화를 누릴 때가 있

다. 무릇 한 세대가 가면 또 한 세대가 오지만 이 땅은 영원히 변치 않으리라.

– 레오 딜런, 다이앤 딜런 『무슨 일이든 다 때가 있다』

💡 **생각 질문1**

동화책을 읽어 주는 부모인가요?

💡 **생각 질문2**

느긋하게 기다릴 줄 아는 부모는 어떤 장점이 있나요?

2
배변 훈련이
늦는 아이
⟨3~6세⟩

　아랫배에서 신호가 오는 느낌과 그것을 배출했을 때의 느낌은 통쾌와 상쾌 그 자체다. 시원한 배출은 다시 먹고 싶은 욕구를 자극하고 에너지를 얻는 원천이 된다. 아기는 18개월 경이 되면 배변 훈련을 할 준비가 된다. 소변과 대변의 차이를 알고 기저귀를 뗄 수 있는 능력이 생긴다. 언어 표현을 할 수 있는 24개월이 되면 배변 훈련을 하기가 쉬워진다. 똥을 누고 싶다는 느낌은 오줌의 느낌과는 또 다르다. 배변 훈련이 늦은 아이는 보통 오줌은 가리지만 똥을 늦게 가리는 경향이 있다. 오줌은 똥보다 자주 배출한다. 생각해 보면 똥보다 오줌이 더 어렵다. 느낌이 올 때마다 조절해야 한다. 똥은 하루에 한 번, 많아야 두 세 번이다. 아이에게 똥은 여러 가지 의미가 있다. 내 몸속에 있는 것을 배출하고 그것을 보는 마음은 신기함이다. 똥을 가릴 나이가 되었는데도 못하고 있다면 심리적인 이유가 있는지도 살펴야 한다. 겁이 많거나 완벽한 성향의 아이, 불안정 애착을 형성한 경우 등의 이유가 있을 수 있다. 늦게 가리는 아이를 보고 무조건 야단치지 말아야 할 이유이다.

도현이는 5살이 되었는데도 팬티에 똥은 눈다. 엄마는 시도하지 않은 방법이 없을 정도로 많은 것을 해 본다. 말로는 할 수 있다고 하고 엄마의 말을 수용하지만 배에서 신호가 오면 소용이 없다. 문을 닫고 방으로 들어가서 은밀한 의식을 치른다. 혹시 유치원에서 실수할까 봐 노심초사하는 엄마, 편안한 장소가 아니면 불안한 도현이는 불편하다. 놀이방에 들어오면 도현이는 가장 먼저 변기 장난감을 찾는다. 스케치북을 펼쳐놓고 변기를 그려달라고 하며 좋아하는 토끼 인형을 앉히라고 주문한다. 몇 장의 그림을 그린 후 만족하며 다른 놀이로 이동한다. 불안과 만족이 함께 공존하는 아이의 심리를 관찰할 수 있다. 똥이 몸 밖으로 나갈 때 불안한 마음이 있고 몸 밖으로 나온 똥을 보며 안심한다. 배변 훈련은 아무리 늦어도 36개월 전에는 할 수 있다. 똥 누기는 항문기의 배변 훈련을 하는 아이가 그 시기에 이루어야 할 가장 큰 과업이다. 도현이는 또래보다 전체적인 발달이 늦다. 항문기에 너무 과한 훈련으로 오히려 더 집착하게 되었다. 똥은 변기에서 눠야 한다는 것을 잘 알고 있지만 배설하는 장소는 항상 똑같은 곳이다. 엄마는 이런 도현이를 편안하게 지켜봐야 한다. 은밀한 장소를 존중해주고 때가 되었을 때 시도해보는 노력을 같이한다. 떨어진 똥을 보며 "네가 이렇게 소중한 것을 품고 있었구나!

이제 변기 속으로 같이 보내주자."와 같이 아이 마음에 공감해주며 긍정적인 태도를 보여준다. 도현의 토끼 변기 그림은 한참 동안 지속하였다. 엄마의 지나친 간섭과 잔소리가 줄어들면서 변기 그림과 장난감을 찾는 일은 자연스럽게 없어졌다. 새로운 장소를 가면 화장실에 가서 변기부터 확인하던 습관도 사라진다. 오랫동안 지속하였던 똥에 대한 집착은 화가 나면 심하게 공격적으로 변하고 가지고 있는 물건에 대한 집착으로도 이어지게 된다. 온순하던 도현이가 친구의 얼굴을 때리고 엄마에게 덤벼들던 이유였다. 똥에 대한 생각이 바뀌니 다시 온순한 아이가 된다.

어른들에게는 유치하기 짝이 없는 똥 놀이가 아이에게는 가장 재미있는 말장난과 놀이가 된다. "엉덩이, 방귀, 뿡, 뿌지직, 똥"과 같은 단어를 들으면 웃음이 폭발한다. 유아기가 지났는데도 이런 말에 더 많이 반응하며 재미있어하는 아이는 대부분 정서적인 미성숙함을 보인다. "똥"은 아이에게 다가가는 좋은 도구이다. 그들의 과거를 엿보며 도움을 줄 수 있는 실마리가 되기도 한다.

지영이는 마음을 잘 보여주지 않는 아이다. 놀이방에서도 말이 거의 없다. 말을 잘 하지 않는 아이를 놀이로 관찰하는 일은 쉽지 않다. 질문해도 대답을 잘 하지 않는다. 초등학생 지영이는 자존심이 강해서 자기가 못하는 것을 들키고 쉽지 않다. 어느 날 여러 가지 추상적인 그림카드를 구성해서 변기를 꾸며 본다. 웃음이 폭발한 지영이는 내가 꾸민 변기 그림 위에 사람을 앉혀 준다. 그걸 보고는 또 한참을 깔깔거리고 웃더니 처음으로 질문을 한다. "선생님, 변기 그림 또 만들 수 있어요?" 그 후로 저만치 떨어져 있던 지영의 마음이 성큼성큼 다가오는 게 느껴진다. 엄마의 이야기를 들어보니 지영이는 배변 훈련이 늦었다. 또래 친구들과 어울리기보다 동생과 노는 것을 더 좋아한다. 친구는 통제하기 어렵지만 동생은 자기 마음대로 할 수 있다고 생각한다. 나에게도 닫혀 있던 마음이 변기 그림 하나로 무장해제 되며 표현을 많이 한다. 몸속에 있는 똥이 빠져나갈 때의 쾌감과 불안을 함께 느낀 아이는 겁 많은 성향으로 그걸 잡고 있으며 배출하기를 두려워한다. 참다가 변비가 되고 똥을 누는 행위가 고통이 되면서 배변 훈련이 늦어졌다. 우리는 똥 이야기를 질릴 때까지 하고 똥을 만들어 보기도 한다. 실컷 만족했던 어느 날 이제 지겹다며 똥 놀이는 더이상 하지 않는다. 또래 친구에게 눈길을 돌리며 자기와 마음이 맞는 친구도 찾고 있다.

시우는 배변 훈련이 늦지 않았지만 똥을 눌 때마다 힘들어한다. 이유식 할 때부터 잘 먹지 않아 엄마를 신경 쓰이게 했다. 또래보다 체격이 작고 왜소하다. 온종일 먹는 것으로 엄마와 실랑이를 벌인다. 조금 더 먹이려는 엄마와 음식을 피해 다니는 아이의 전쟁이다. 그러다 밤이 되면 먹을 것을 달라고 보챈다. 씻고 잠을 자야 할 시간에 음식을 먹으려고 한다. 시우의 고집과 떼를 이기지 못한 엄마는 먹을 것을 챙겨준다. 변비가 심한 시우는 똥을 두려워한다. 잠자다가 똥을 눈다. 낮에 아랫배에서 신호가 오면 어쩔 줄을 모른다. 수업하던 시우의 얼굴이 어두워지더니 항문과 바닥이 닿은 곳에서 앞뒤로 움직이며 반복된 동작을 한다. 놀이는 뒷전이 되고 이미 귀에는 아무 소리도 들리지 않는다. 배가 아프다고 하며 누워 버린다. 화장실에 가자고 해도 듣지 않는다. 똥이 누고 싶은 신호를 애써 외면하며 참고 있다. 똥 누기가 두렵다. 이런 상태가 되면 예민해지고 누구의 말도 들으려고 하지 않는다. 짜증을 내고 온종일 먹지도 않는다. 며칠을 참다가 마침내 똥을 누고 나면 기분이 엄청 좋아진다.

항문기 발달은 성격 발달에도 영향을 미친다. 시우와 같은 사례의 아이들은 고집쟁이가 될 수 있다. 똥을 품고 있으려고 한다. 불안과 쾌감을 함께 느끼면서 배설에 대한 두려움이 크다. 시우의 똥 신호는 온 가족을 긴장하게 한다. 아랫배를 마사지하고 변비에 좋다는 음식을 먹여보지만 효과가 미미하다. 심리적인 것과 동시에 일상의 식습관도 매우 중요하다. 시우에게 먹는 즐거움을 경험하게 한다. 음식을 직접 만들고 자기가 만든 것을 먹어본다. 규칙적인 식사를 하고 끼니를 제외한 간식은 되도록 주지 않는다. 잘 움직이려고 하지 않는 시우를 뛰어놀며 신체활동을 많이 할 수 있도록 한다. 배고픈 아이는 결국 먹는다. 몸을 움직이면 장운동에도 도움이 된다. 딱딱한 변이 힘들게 나오는 과정이 무섭기도 하고 몸 밖으로 나오는 똥이 두렵기도 하다. 똥을 눌 때마다 아이를 안심시킨다. 두려운 감정보다 쾌감을 더 느낄 수 있도록 도와준다.

'자연으로 돌아가라'는 말로 유명한 프랑스의 사상가이자 교육가인 장 자크 루소는 영, 유아기의 기저귀 사용을 반대했다. 기저귀는 속박으로 보고 배변을 자연스럽게 습득할 수 있도록 하라고 말한다. 현실에 맞지 않는 주장이라고 생각하지만 그만큼 아이의 리듬을 존중하고 자연의 순리에 따르라는 말이다. 도현이처럼 과하게 늦지 않는다면 걱정할 거리가 못 된다. 과한 배변 훈련으로 성격까지 영향을 미치는 사례를 많이 본다. 적당한 간섭으로 아이에게 조절할 기회만 준다면 때가 되면 저절로 똥오줌을 가린다.

몸이 작은 '아이'를 부모는 가끔 내 마음대로 조종하고 싶은 욕구를 느낀다. 또 '말 잘 듣는' 아이로 만들고 싶다. 귀엽고 작은 아이는 자아가 생기면서 자기주장을 하고 대들기도 한다. 성장하면서 꼭 겪어야 하는 과정들이지만 잊을 때가 있다. 작은 인격체로 존중하고 성장을 바라보며 응원한다. 애벌레가 번데기가 되고 나비가 되는 변태의 경이로움보다 더 신비로운 것이 아이의 성장이다. 엄마의 몸에서 나와 울고 보채기만 하던 아이가 스스로 걷고 먹고 싸는 과정을 거치며 성장하는 것이 대견하다. 또래 아이들보다 배변 훈련이 늦는 아이에게 '너도 지금 애쓰고 있구나'라고 응원해주고 기다려 주자.

책과 함께 생각하기

어린이들이 가장 신기해하고, 재미있어 하는 똥에 대한 이야기입니다. 동물의 몸 크기에 따라 똥의 크기도 다르다는 이야기부터 동물의 종류에 따라 똥의 모양도 다르고, 색깔도 다르다는 내용과 똥을 싸는 다양한 방식, 똥의 뒷처리에 관한 내용을 담았습니다.

커다란 코끼리는 큰 똥.

조그만 새앙쥐는 작은 똥.

등에 혹이 한 개 있는 낙타는 똥에도 혹이 하나.

등에 혹이 두 개 있는 낙타는 똥에도 혹이 둘.

이것은 거짓말!

물고기 똥

새 똥

벌레 똥

– 고미타로 『누구나 눈다』 중에서

💡 생각 질문1

항문기 성격 형성에 대해 생각해 보세요.

💡 생각 질문2

기저귀를 떼지 못 하고 있는 아이를 어떻게 대해야 할까요?

3.
밤에 잠을 자지
않는 아이
〈0~7세〉

　내가 자란 시골에서는 밤이 없었다. 내 기억 속 밤은 잠자리에 누워 동생과 엄마의 젖가슴을 쟁탈하려는 치열함 뿐이다. 저녁 먹은 후에는 농사일로 고단했던 부모님은 일찍 잠자리에 들었고 우리도 그랬다. 중학생이 되어 언니가 외지로 공부를 하러 가면서 내 방이 생겼다. 난생처음으로 나만의 공간이 생긴 감동을 지금도 잊을 수 없다. 삼촌, 고모가 쓰던 앉은뱅이책상이었지만 밤마다 그곳에서 쓰는 일기가 행복했다. 세상에 나만 깨어있는 듯한 고요함과 소설가가 되겠다며 엉뚱한 이야기를 노트 한가득 써내려갔던 그 시간이 좋았다. 일찍 잠드신 탓에 부모님 잔소리가 없는 밤은 그야말로 내 세상이다. 감수성 예민한 사춘기 시절을 혼자 있는 시간으로 존중받았다는 느낌이다. 잠자리 독립을 한 시기가 나와 비슷한 혁이의 마음이 이해되어 최대한 잔소리를 줄였다. 다음날 학교에 가야 한다는 건 서로가 너무 잘 알고 있는 사실이니 내버려 둔다. 며칠을 늦게 잠든 혁이가 "엄마, 너무 늦게 자니까 학교에서 피곤했어요. 일찍 좀 자야겠어요."라며 스스로 조절한다. 그래도 좀 더 일찍 잠들기 바라는 마음이 있지만 잔소리를 참는다. 집을 떠나 기숙사 생활을 하는 아이에게 "너 이른 아침에 있는 수업 안 빼먹니?" 물어보니 "걱정 마세요. 제시간에 잘 챙겨서 생활하고 있어요." 한다.

어릴 때부터 잠을 자지 않으려는 아이가 있다. 자다가 일어나서 놀아 달라고 밤을 꼬박 새우기도 한다. 낮과 밤의 리듬이 바뀌어 밤에만 노는 아이도 있다. 푸름이 아빠 최희수 씨는 『몰입 독서』(2009, 푸른육아)에서 아이의 에너지를 존중해주고 잠자지 않는 아이의 책 읽는 시간을 소중히 하라고 한다. 키가 크지 않을 것이라는 선입견을 버리고 걱정하지 말라고 권한다. 그 글을 읽고 혁이의 지난 시간을 돌아보게 된다. 책을 읽어 달라는 아이에게 잘 시간이라고 냉정히 잘라 말하고 욕구를 채워주지 않았다. 잠이 오지 않는다는 아이를 억지로 눕혀 아홉 시만 되면 잠자리에 들게 한다. 육아서에 나오는, 아이 머리맡에서 동화책을 읽어주라는 말을 따르지 못했다. 내 가족의 문화에서는 용납되지 않는다. 그땐 그게 편했다. 빨리 잠들어야 내가 편하니 알면서도 모르는 척 어머니의 문화에 따랐다. 그래서인지 혁이는 잠자리 독립이 이루어지면서 기를 쓰고 자지 않으려고 한다. 마치 그 시간을 보상받으려는 듯이 책을 읽고 혼자 놀이를 즐긴다.

지수는 연년생 동생과 쿵짝이 잘 맞는다. 조용하면 사고를 친다. 엄마 기준에서 사고이고 아이들 기준에서는 세상에서 제일 재미있는 놀이다. 4살~5살 여자아이 둘은 친구처럼 자란다. 욕조에 물을 받고 씻기려는데 더 놀고 싶다는 요청에 그러라 하고 엄마는 할 일을 한다. 한참이 지나서 들어가 보니 둘은 놀이 삼매경에 빠져 있다. 린스 한 통을 욕조에 모조리 짜서 "엄마, 이것 봐! 물고기들이 헤엄쳐 다니고 있어. 하하하" 천진스럽게 웃는 딸을 차마 나무라지 못한다. 둥둥 떠다니는 린스 뭉치를 물고기라며 미끄덩거리는 덩어리들을 잡으려고 안간힘을 쓴다.

지수에게는 집에 있는 모든 것들이 놀이 도구가 된다. 동생이랑 함께 하니 더 재미있다. 싸우다가도 금방 마음을 맞춰서 놀 거리를 찾는다. 욕실에서 나온 동생이 조용하다. 몸에 바르는 오일을 다리에 한가득 부어 "우아, 물고기처럼 미끈거려."하며 웃고 있다. 방바닥에도 오일로 연못을 만들어 놓는다. 지수는 얼른 달려가 "와하하"하며 합세한다. "이제 자야 할 시간이야!" 짜증을 가득 누른 엄마의 목소리다. 잠이 올 법도 하건만 밤이 되면 더 말똥말똥해지는 아이들이다. "엄마, 조금만 더 놀고 싶어." "안 돼, 이제 자야 해." 불을 끄고 나오면 얼마 지나지 않아 킥킥거리는 소리가 들린다. 어둠 속에서 할 수 있는 놀이를 찾는다. 동생은 빙글빙글 방을 돌고 있고 지수는 그런 동생을 더듬거리며 찾는다. 모퉁이에서 두 몸이 만났을 때는 깔깔깔. 세상에 그런 재미있는 놀이가 없다. 잠은 저만치 달아나고 이제 엄마의 불호령을 들을 때다. 어쩔 수 없이 방으로 들어온 엄마는 함께 자리에 누워 감시한다. 늦게 잠들어 일어나게 될 일은 불 보듯 뻔하다. 아침에 일어나지 못해 깨워야 하고 서로 신경이 예민해져 기분 상한 아침을 맞게 된다. 허둥지둥 어린이집 차를 태워 보내는 것이 싫다. 겨우 아이들을 재우고 나면 엄마는 피곤하다. 아침부터 아이들 뒤치다꺼리며 집안일로 고단했던 몸을 다시 일으켜 세우기가 쉽지 않다. 잠 자고 일어나면 새로운 에너지가 용 솟는 아이들이 고맙기도 하고 부럽다. 빨리 잠들면 소원이 없겠다. 지수 엄마의 하소연을 듣는 내 입가에 미소가 번진다. 아이들의 놀이를 듣고 있으니 마치 내가 지수네 집에 함께 있는 것처럼 상상이 되고 재미있다.

"어머니, 창의력이 뛰어난 아이들이에요."

지수는 어떤 놀이를 해도 거부감이 없다. 혹시라도 수준에 맞지 않거나 재미가 없으면 "아, 이건 재미 없어요. 선생님 우리 다른 놀이 해요."라며 의사 표현과 자기주장을 또렷하게 하는 아이다. 명랑한 지수의 건강한 에너지가 느껴진다. 육아를 하는 엄마 눈에는 보이지 않는 것들이 보인다. 어린아이들을 키우며 최선을 다하는 엄마의 하루는 길고도 짧다. 한 번도 경험해 보지 못한 엄마의 역할을 잘 해보려고 애쓰며 '이렇게 하는 방법이 옳은가?'를 수 없이 생각한다. 잠자지 않으려고 하는 아이를 내버려 둬야 하는지, 억지로 재워야 하는지도 헷갈린다. 기준을 정하는 것이 좋다. 내 아이의 발달을 고려하고 원하는 것을 존중해주는 엄마의 태도가 중요하다. 전문가의 '이렇게 해야 한다'는 말을 참고로 하되 내가 실천할 수 있는 만큼의 기준을 정하고 적용하면 된다. 일관성 있게 대하고 가끔은 융통성도 발휘한다.

충분한 잠은 피곤했던 몸을 쉬게 하고 다시 에너지를 충전하는 배터리와 같다. 가지고 있던 모든 에너지를 쏟아부으며 놀던 아기는 낮잠 한 번 자고 나면 태엽을 다시 감은 인형처럼 활발하게 움직인다. 잠 자고 있는 아이의 뇌에서는 성장을 위한 움직임이 활발하다. 이렇게 중요한 잠을 외면하고 무시하기가 어렵다. 크지 않을까 봐, 부족한 수면으로 짜증을 낼까 봐 자지 않으면 걱정부터 된다. 잠을 잘 자던 아이가 갑자기 자지 않거나 자다가 일어나서 운다면 원인을 찾아봐야 한다.

기질적으로 예민한 아이는 늦게 잠들고 일찍 일어난다. 낮잠 자는 시간도 또래 아이에 비해서 짧다. 소리에 민감해 아이가 잠을 자는 동안에는 최대한 깊고 길게 재우기 위해서 엄마의 행동이 조심스럽다. 혹시라도 초인종이 울릴까 봐 '아기가 자고 있어요'라는 문구를 대문 앞에 써서 붙여 놓는다. 낮에 자지 않았으면 밤에라도 일찍 자면 좋으련만 그렇지 않다. 피곤함을 짜증으로 표현하지만 더 놀려고 한다. 알람시계처럼 정해진 시간에 벌떡 일어나기도 한다. 아이의 체력을 따라가지 못하는 엄마다. 재우는 게 가장 큰 숙제다. 성향상 잠을 자지 않는 아이를 억지로 재우는 건 엄마나 아이에게 득이 되는 게 없다. 그냥 내버려 두면 된다. 예민한 아이의 엄마도 대부분 예민한 경우가 많다. 특히 잠에 대해서는 더 그렇다. 자고 싶을 때 자고 일어나고 싶을 때 일어나서 혼자라도 놀게 한다. 아이의 시간을 따라 엄마가 깨어 있으면서 꼭 옆에 있지 않아도 된다. 혼자 노는 아이를 방치하고 있다는 죄책감을 느끼는 엄마도 있다.

"엄마가 너무 피곤해서 조금만 자고 일어날게. 기다려 줄 수 있지?"와 같은 말로 엄마의 상태와 마음을 전한다. 어리지만 이해하고 받아들인다.

　잠을 자지 않는 아이와 더이상 실랑이를 벌이지 말자. 문제가 있는 아이의 잠투정은 원인을 분석하여 해결한다. '나 좀 도와주세요.'라는 신호를 놓치지 않는다. 잠이 보약이라는 말에 얽매이기보다 아이의 성향과 기질을 고려한 양육을 한다. 특별한 문제가 없는 한 피곤하면 자는 게 인간의 본능이다.

책과 함께 생각하기

사람들이 하는 건 모두 엉터리예요! 말하는 법이 틀렸어요. 먹는 법도 틀렸고요. 노는 법도 틀렸어요. 재미없는 일투성이에요. 아이는 행복하지 않았어요. 더 이상은 못 참아! 저 멀리 숲 속에는 다시 아이가 살아요. 어떻게 숲으로 돌아갔는지 모두 알고 있지요. 숲이 아이의 집이라는 것도 모두가 알고 있고요. 자유롭고 행복하게 사는 아이는 절대로 길들일 수 없거든요.

이 책은 남들과 다른 삶을 인정하고 아이들은 저마다 원하는 것이 다르다는 것을 일깨워주며 자유와 질서 사이에 타협하는 법을 찾을 수게 도와주고 있답니다.

– 에밀리 휴즈 『숲에서 온 아이』

💡 **생각 질문1**

잠을 자지 않는 아이가 미운가요?

💡 **생각 질문2**

잠만 자는 아이가 있다면 어떨까요?

4. 신체발달이 늦는 아이

〈0~10세〉

시은이는 한 달 늦게 태어난 혁이의 사촌이다. 혁이는 돌이 되면서 한 발짝씩 떼던 걸음을 13개월이 되어서야 걸음마를 시작했다. 평균발달을 보였던 혁이와 달리 시은이는 10개월이 되면서부터 몸을 날렵하게 움직이고 잘 넘어지지도 않는다. 마음먹은 대로 몸 컨트롤을 잘해서 운동을 좋아한다. 공으로 하는 놀이는 다 좋아하고 그중에서 축구를 가장 좋아한다. 운동신경이 발달해 친구들에게도 인기가 많다. 축구게임을 하면 시은이를 자기편으로 끼게 하려는 경쟁이 치열하다. 빠른 신체발달은 진로를 운동으로 생각할 만큼 재능과 관심을 이끈다.

평균적인 발달보다 느린 발달을 보이는 아이는 자기 자신도 답답해한다. 지후는 가장 싫어하는 놀이가 몸을 움직여서 하는 놀이다. 놀이터에서 노는 것도 싫다. 동작이 느리고 변화를 싫어하는 성향 때문에 똑같은 장소에서 놀기를 바란다. 좋아하는 친구가 놀이터에 가자고 하면 억지로 가기도 하지만 즐겁지 않다. 학교 체육 시간도 곤혹스럽다. 몸은 느리고 둔하지만 친구들이 보내는 눈빛과 말에 상처를 잘 받는다. 이런 지후를 아빠는 축구센터에 억지로 끌고 가려고 한다. 아빠의 마음은 남자가 그러면 안 된다는 신념이다. 지금부터라도 운동을 시켜서 친구들과 어울리게 하고 싶다. 하기 싫은 걸 해야 하는 지후와 시키고 싶은 아빠 사이에 갈등이 생긴다. 주말만 되면 냉동실의 차가운 기운보다 더한 기운이 집 안에 흐른다. 몇 주 되풀이되던 실랑이는 아빠의 항복으로 끝난다. 타협점은 축구 대신 줄넘기로 한다. 움직임을 싫어하니 살이 찌고 둔하다. 지후의 부모는 친구를 쉽게 사귀지 못하는 아이가 걱정되고 도와주고 싶다. 친구들과 어울리기에 가장 좋은 방법이 몸으로 하는 활동이라 생각한 결과가 운동이다. 운동이 답이라고 생각했는데 완강히 거부하니 어쩔 수 없다.

신체발달이 늦어 또래 아이보다 더 미숙해 보이고 모자라 보였던 지후는 자기 자신을 관찰하고 이해하는 개인내적지능이 발달해 있다. 운동하지 않는다는 걱정보다 건강을 위해 아이에게 맞는 운동을 추천해 주면 필요에 의해 스스로 꾸준히 할 수 있다.

현수는 또래 아이보다 모든 발달이 늦다. 걷기는 18개월, 말하기는 5살이 되어서다. 기저귀 떼기도 4살이 되어서야 했다. "선생님, 우리 애가 바보가 아닐까요?"라며 한숨을 짓던 엄마는 아이가 정말 바보가 될까 봐 어렸을 때부터 교육에 많은 신경을 썼다. 현수는 지금 3학년이다. 재미있게 배우고 수준에 맞는 지식과 놀이를 만나면 스펀지가 물을 빨아들이듯이 흡수한다. 발달이 늦어서 늦게 경험한 만큼 오랫동안 탐색하고 친구들만큼 하려고 스스로 노력한다. 신체발달이 늦어 친구들과 함께 놀이하는 걸 보고 있으면 애처롭다. 잡히지 않는 공을 잡으려고 이리저리 뛰어다니며 온몸이 땀에 흠뻑 젖는다. 하지만 즐겁다. 스스로 못한다고 생각하지 않는다. 달리기하는 모습도 뭔가 어색해 보이지만 현수에게는 가장 즐거운 놀이 중 하나이다.

소근육의 발달이 늦어 가위질을 늦게 시작한 현수는 세련된 가위질을 하기 위해서 한 시간 동안 색종이를 잡고 씨름을 한다. 결국 내가 그어 준 선을 오차 없이 자른 종이를 보고서야 그만둔다. 성장하고 싶다는 내면의 에너지가 용 솟음 치고 있다는 것이 느껴진다. 다른 아이들이 하는 것을 어느 정도 따라 하는 걸 보고 엄마는 욕심이 생긴다. 늦었던 만큼 많은 것을 시키고 싶다. 여기저기 학원을 보내기 시작하고 집으로 오는 선생님도 여러 명 있다.

어느 날 만난 현수의 눈빛에 초점이 없다. 재미있게 하던 놀이도 심드렁하다. 힘들다는 말이 쉴새 없이 나온다. 뭔가 잘못됐다. 밝게 빛이 나던 현수의 에너지는 곧 갈아야 하는 형광등 불빛 같다. 내가 느낀 것을 엄마에게 전달한다. 그동안의 신뢰와 애정으로 충고를 받아들인 엄마가 고맙다. 미련이 남아 엄마가 포기할 수 없는 수업 몇 개는 남겨두고 스케

줄을 정리한다. 일주일 후의 현수는 다시 활기를 되찾는다. 질문이 많아지고 웃음이 많아진다. 힘들다는 말을 가끔 하지만 그래도 다행이다. 지금도 나는 현수 엄마에게 브레이크 역할을 하는 선생이다. 아이의 개인차는 몇 번을 강조해도 중요하다. 가드너의 다중지능이론은 개인 차를 설명하기에 좋다. 신체운동지능이 낮은 아이는 분명 다른 우세한 지능을 가지고 있기 마련이다.

　재훈이는 말을 잘한다. 또래 아이들보다 사용하는 어휘가 많고 상황에 맞는 단어를 유머와 섞어가며 사용한다. 늦게 걷기 시작하더니 크면서 점점 움직이는 걸 싫어한다. 밥 먹는 시간이 가장 행복하다. 먹는 것을 좋아하고 잘 움직이지 않아 귀여운 곰을 보는 듯하다. 말도 코믹하게 하는 등 인기가 많다. 내향적인 성격이지만 잠재된 끼가 있음을 느낀다. 유치원 발표회 때 보여줬던 춤은 재훈이를 스타로 만들었다. 선생님이 가르쳐 준 율동에 자기 생각과 흥을 넣어 더 많이 흔들며 표정 연기까지 한다. 살이 쪄서 의상 밖으로 삐져나온 뱃살을 출렁이고 엉덩이는 과하게 흔든다. 살이 쪄서 작은 눈이 더 작아 보이는 얼굴에 가수 싸이의 흉내를 내며 거만하고 익살스러운 표정을 짓는다. 누가 봐도 대본에 없는 몸짓이다. 반 친구들의 부모님은 물론이고 유치원 선생님들까지 배꼽을 잡고 넘어가는 시간이었다. 평소에는 그런 끼를 전혀 느낄 수 없이 의젓하고 말이 없다. 재미있게 말하는 재주가 있지만 말을 시키지 않으면 먼저 하지 않는다. 낯가림이 심하고 수줍음도 많다. 뚱뚱해서 운동을 잘하지 못하는 것을 부끄러워한다. 엄마와 먹는 걸로 갈등이 생긴 게 한두 번이 아니다.

학교를 마치고 만나는 재훈이에게 간식을 건넨다. 빵 한 개로는 성에 차지 않는 것을 알기에 항상 두세 개를 준비한다. 덥석 받아먹는 아이가 접시를 슬쩍 밀어낸다. 왜 그러냐고, 어디 아프냐고 물어보니 내일 학교에서 신체검사가 있는 날이란다. 몸무게가 많이 나올까 봐 지금부터 먹지 않겠단다. 점심도 제대로 먹지 않고 있다가 저녁에 양껏 먹어버린다. 그날 저녁 살을 빼려고 화장실에서 변기와 전쟁을 했다는 엄마의 생생한 증언이다. 친구보다 동작이 느리고 몸을 날렵하게 움직이지 못해서 일등에 대한 갈망이 있다. 유치원 생활에선 칭찬을 많이 들었다. 친구들보다 의젓하고 배려도 잘하는 재훈이다. 성적과 상으로 칭찬하는 학교에서 주눅이 든다. 엄마는 살을 빼야 한다며 먹는 것으로 스트레스를 준다. 이런 상황들이 자존감을 떨어지게 만든다. 장점이 수십 가지가 넘는 아이다.

"선생님은 지금 네 모습이 너무 좋아."

건강을 위한 운동은 필수이다. 엄마에게 먹는 것으로 아이를 조정하지 않도록 한다. 달리기에서 일등 하고 싶지만 꼴찌만 하는 현실을 부정적으로 받아들이지 않게 재훈이가 잘하는 것을 찾아준다. 얼마 전 교내미술대회에서 상을 받았다며 자랑한다. 화려하거나 세련된 그림이 아니지만 감성이 풍부한 자기의 특징을 잘 살린 독특한 그림이다. 상을 받은 것도 칭찬하지만 어떻게 그런 생각을 했냐며 그림에 대한 칭찬을 아끼지 않는다. 어깨가 쑥 올라가 있는 아이는 좋아서 어쩔 줄 모른다.

소근육 발달이 느린 아이도 있다. 물건을 잡기만 하면 떨어뜨리고 실수를 한다. 작은 구슬을 놀이방에 다 쏟아서 굴러다니게 하고 놀이로 준비한 콩이나 쌀도 꼭 한번은 쏟는다. 아기 때부터 세 손가락을 사용할 것을 강조한다. 스스로 숟가락을 잡을 수 있을 때부터 최대한 많이 사용해야 한다. 숟가락, 집게, 젓가락 등 손가락으로 잡을 수 있는 것들을 주어 즐거운 놀이로 할 기회를 준다. 튀밥을 손가락으로 집어 먹게 하는 것도 소근육 발달에 도움이 된다.

4살이 되어서 만난 서희는 위에서 말한 실수를 자주 하는 아이다. 실수할 때마다 "괜찮아, 다시 하면 돼."를 반복하고 자기가 한 실수를 스스로 해결할 수 있게 한다. 집에서도 되도록 혼자 할 수 있게 기회를 주라고 한다. 정리정돈을 가장 싫어하는 서희가 "선생님이랑 같이 놀았는데 왜 나만 정리해야 해요?"라고 따지기도 한다. 소근육을 움직여서 하는 놀이에 실수가 잦던 아이가 7살이 되었다. 아직도 가끔 실수하지만 달라진 것은 자기가 할 실수를 미리 알고 행동한다. 잘못한 건 다시 하고 마음에 들 때까지 반복한다. 중요한 건 짜증 내지 않고 받아들인다는 것이다. 처음 만났을 때는 실수한 것을 다시 하라고 했을 때 짜증과 울음 섞인 목소리로 싫다는 표현을 했던 아이다. 지금은 자기가 한 실수가 웃기다며 큰소리로 웃기도 한다. "넌 왜 맨날 똑같은 걸 쏟니? 짜증 난다. 정말!" 이런 표현을 들었다면 의기소침해지고 죄책감도 느낀다. 자주 실수하는 자신의 모습을 실망하며 자존감까지 떨어진다. 아이의 어떤 한 부분의 발달이 늦다는 것을 알게 됐을 때 지금의 모습을 인정해 주고 격려해준다. 친구와 자신의 모습을 비교하며 주눅 들지 않는다. 실수할 땐 해결하면 되고 늦으면 더 노력하면 된다는 것을 아는 아이가 된다.

'늦은 때란 없다'라는 말을 아이들의 발달에 적용하고 싶다. 늦다는 것은 어른들이 정한 기준이다. 발달이 늦은 아이는 자신 기준에서 보면 열심히 성장하고 있다. 조금 부족해 보이고 모자라 보여도 결국 도착하는 곳은 같다. 과정을 어떻게 기다려주느냐에 따라 아이의 마음 근육이 달라진다. 어릴 때부터 건강한 몸의 성장과 함께 마음도 튼튼하게 자라길 바란다.

책과 함께 생각하기

아기 토끼 동동이는 자신의 짧은 귀를 단점으로 여깁니다. 그런 단점을 여러 방법으로 극복하려고 하지만, 결국에는 긍정적으로 자신의 단점을 받아들이게 됩니다. 오히려 단점 덕분에 멋진 재능을 발견하게 되고, 이 책은 그 과정을 섬세하면서도 유머스러운 그림으로 표현하고 있습니다.

선생님은 샤샤에게 동동이 옆자리에 앉으라고 했어요.
샤샤는 쿵쾅쿵쾅 달려가서 반갑다며 동동이를 힘껏 껴안았어요.
"어휴, 숨 막혀!"
동동이의 팔이 금세 벌겋게 부어올랐어요.
동동이는 샤샤 옆자리에 앉는다는 건
굉장히 위험한 일이라는 걸 알게 되었지요.

– 다원시 『짧은 귀 토끼』

💡 생각 질문1

느린 아이가 답답한가요?

💡 생각 질문2

칭찬과 격려는 왜 중요할까요?

5.
인지발달이
늦는 아이
〈0~8세〉

　인지발달학자 피아제는 단계별로 인지가 발달한다고 했다. 발달단계에 따라 적절한 놀이와 자극을 줘야 한다. 감각운동기의 영아에게는 상호작용을 잘해주고 환경에 대한 호기심을 충족시켜 준다. 옹알이할 때 맞장구쳐주고 눈 맞춤 하며 놀아주는 것은 아이의 인지발달에 도움을 준다. 까꿍 놀이는 눈앞에 있는 사물이 영원히 사라지지 않고 존재한다는 대상영속성(존재하는 물체가 어떤 것에 가려져 보이지 않더라도 그것이 사라지지 않고 지속적으로 존재하고 있다는 사실을 아는 능력) 개념을 이해하는데 좋은 놀이다. 깨어있는 시간 동안 엄마와의 놀이로 자극 받은 아이는 인지발달이 빠르다.

　전조작기(조작이 가능하지 않은 이전의 단계)에 해당하는 유아기에는 다양한 놀잇감을 만지고 느끼며 놀게 하고 특히 손가락 사용을 많이 하게 한다. 놀잇감을 가지고 놀며 색깔이나 모양, 크기 등 논리적인 사고의 기초인

분류를 배우게 되고 사고를 확장할 수 있는 경험을 한다. 스마트폰이나 미디어를 자주 접한 아이와 놀잇감으로 놀이하며 자란 아이의 인지발달에 차이가 있는 것은 이론상으로도 설명된다. 이 시기의 아이들은 자기중심적인 사고로 고집부리고 떼를 많이 쓰기도 한다. 감정을 공감해 주며 단호하고 일관성 있는 양육 태도가 필요한 때이기도 하다. 구체적 조작기인 초등 저학년에는 또래와 협력하는 놀이를 하고 다른 사람의 생각을 존중하고 배려할 기회와 경험을 할 수 있도록 한다. 부모와 노는 것보다 친구와의 놀이가 더 재미있다. 협동하며 할 수 있는 스포츠 경기를 즐기고 그 재미에 푹 빠지기도 한다. 놀이를 하며 협동과 배려, 상대방의 기분과 의견을 존중하고 조율하는 경험을 한다. 너무 바쁜 요즘 아이들이 이런 시간을 많이 가질 수 없는 현실이 안타깝다. 이후의 형식적 조작기에 있는 아이는 앞의 발달 경험을 바탕으로 논리적인 추론을 하고 보다 추상적인 개념들을 이해하며 성장해 간다.

희준이는 아기였을 때부터 교육적으로 많은 자극을 받은 아이다. 7살이 되어도 숫자는커녕 한글과 영어에도 관심이 전혀 없다. 답답한 마음에 희준이를 담당하는 선생님에게 아이가 왜 그러냐고 물어봐도 "조금만 더 기다려 보라."는 말만 돌아온다. "둘째라고 너무 신경을 쓰지 않아서일까요?" 답답해서 내게 물어보는 엄마에게 그렇지 않다는 답변을 한다. 희준이는 간단한 주사위 게임에서도 일일이 주사위 눈금을 세어 보아야 수를 알 수 있고 정확하게 헤아리지도 않는다. 간단한 게임이라도 여러 번의 설명을 듣고서야 제대로 진행할 수 있다. 듣고 싶은 것만 듣고 보고 싶은 것만 본다. 규칙을 설명했음에도 엉뚱하게 행동하는 희준이에게 "그게 아닌데?"라고 말해야 조금 전 했던 설명을 떠올린다. 기본적으로 듣기가 잘 안된다. 잘 듣지 않으니 이해력이 떨어진다. 자기가 생각한 방식대로 생각하고 행동한다. 학습으로는 라이벌인 형에게 이길 수 없다고 생각한 나머지 모든 일상생활에서 경쟁을 한다. 밥 먹기, 달리기, 동생 돌보기 등 일등이라는 칭찬을 듣고 싶어 한다.

듣기가 잘 안되는 희준이의 과거를 본다. 두 살 위 형에게 신경을 많이 쓰는 엄마에게 관심받기 위해 행동한다. 순하고 말 잘 듣는 형은 엄마가 시키는 대로 한다. 칭찬은 언제나 형의 차지다. 칭찬으로 관심받기가 힘드니 일탈 행동을 한다. 떼쓰고 엄마가 하지 말라는 행동을 우선으로 한다. 그러면서 듣고 싶은 소리만 듣는다. 당연히 인지발달이 늦어진다. 주위에선 '엉뚱한 아이'라는 말을 자주 듣는다. 관심받기 위해 공격적이고 과격한 언어를 사용한다. "선생님 못생겼어요. 엄마 바보! 형아는 돼지 멍청이"라는 말을 쉽게 내뱉고 야단치면 혀를 내민다. 희준이와 내가 만난 건 이런 행동이 극에 달에 있을 때다. 친구들에게도 마음에 들지 않으면 과격한 말을 해서 상처를 주고 싸우기도 한다. 재미있는 놀이를 함께 하는 동안 마음 속에 있던 화가 풀리기 시작한다. 잘 듣지 않던 습관도 변하기 시작한다. 일단 듣지 않으면 놀이가 진행되지 않는다는 걸 알고부터는 조금씩 노력도 한다. 속상했던 마음을 공감해주고 감정을 나누니 마음속 이야기를 풀어 놓기도 한다. 학습과 관련된 것에는 전혀 관심이 없었던 예전과는 달리 "이게 뭐예요?"라며 먼저 질문도 한다. 관심이 생기니 쉽게 받아들인다. 아무리 옆에서 "이건 사과야. 이건 1이야"라고 해도 듣지 않던 아이가 알고 싶은 마음이 생기니 금방 인지하게 된다.

영이는 초등학교에 입학할 때까지도 한글을 몰라서 주눅 들어 있다. 요즘 아이들이 일찍부터 한글을 읽고 쓰는 것에 비추어보면 늦어도 너무 늦다. 조급한 마음에 엄마는 학습지 선생님을 불러 가르쳐 보지만 나아질 기미가 보이지 않는다. 영이도 친구들처럼 한글을 읽고 싶다. 주변 사람들은 초등학교에 들어가기 전에 한글을 다 읽고 가야 한다는 이야기를 한다. 걱정과 불안한 마음을 가지고 하니 재미도 없고 수업 시간이 부담스럽기만 하다. 이런 현실과는 다르게 마음은 뭐든지 잘하고 싶다. 한글도 척척 읽고 싶고 알고 있는 것을 뽐내고 싶은 마음도 있다. 이야기를 나누며 영이의 인지발달을 체크해 보니 나이보다 뒤처지는 게 아니다. 어떤 걸 물어보면 틀릴까 봐 긴장부터 한다. '틀리면 어떡하지?'하는 눈빛으로 바라본다. 그러다 틀리면 왕방울만한 눈물이 조그만 볼을 타고 쉴새 없이 흐른다. 좌절과 실패에 대한 경험이 많아 스스로 신뢰감이 떨어져 있는 상태다. "틀려도 괜찮아."는 영이에게 먹히지 않는 말이다. 또 틀렸다는 실망과 불안이 더이상 지식을 받아들이길 거부한다.

자신감과 자존감 회복이 우선이다. 떨어진 자존감 때문에 감정표현까지 잘 못 한다. 놀이로 아이의 마음을 이완시키고 역할놀이와 게임을 하며 나에 대한 신뢰감부터 쌓는다. 틀리는 것이 부끄러운 게 아님을 경험하고 감정 표현을 자연스럽게 할 수 있도록 돕는다. 수개월이 흐른 후 영이는 호기심과 자신감을 함께 얻는다. "선생님, 저 이거 쓸 수 있어요. 써볼까요? 이건 뭐에요?" 아이다운 재잘거림을 되찾은 눈빛에서 알고 싶어 하는 욕구가 보인다. 자기를 인정해주고 믿어주는 나에게 자랑하고 싶은 것들이 많아지고 있다. 영이의 인지발달을 늦춘 원인을 찾아본다. 생각 없고 철부지 같은 아이지만 자기만의 뚜렷한 소신과 주장이 있다. 7살이 되면서 친구들의 무리에 휩쓸려 갑자기 유치원을 바꾸게 된 것이 가장 큰 이유이다. 일반 유치원을 다니다 영어 유치원으로 바꾼 일 년 동안 눈빛이 달라졌다. 그동안 다녔던 유치원과는 너무 다른 환경과 처음 접한 영어로 듣고 말하기가 만만치 않다. 못한다고 생각하니 점점 더 주눅 들고 친구들만큼 못하는 자신이 원망스럽다. 언제나 잘하고 싶고 발표를 하고 싶은 마음이다. 시간이 갈수록 입은 더 닫히고 누가 뭐라고 말하지 않아도 스스로 위축된다. 엄마는 내가 알게 된 아이의 모습을 듣고 눈물을 흘린다. 엄마에게는 유치원 생활이 재미있다고만 한다. 잘하는 모습을 보여주고 싶었던 속이 깊은 아이다. 엄마는 까맣게 모르고 있던, 인지 발달이 늦어서 학습을 어렵게 생각하고 '좀 늦는 아이'로 생각했던 중이었다. 다시 찾은 반짝이는 눈빛에 영이의 성장이 보인다.

영지는 28개월이 되면서 만났다. 아이 교육에 관심은 많지만 어떻게 해야 하는지 방법을 잘 몰랐던 엄마가 우연히 블로그를 보고 방문했다. 처음 만난 엄마는 그동안 육아를 통해 힘들었던 얘기를 하며 눈물을 보인다. 연년생 동생이 생기면서 영지에게 소홀해지는 것 같아 미안하고 자주 짜증 내는 모습에 죄책감이 들기도 한다. 놀이를 좋아하는 영지는 매주 나와 만나면서 커 간다. 발달에 맞는 놀이로 흥미와 호기심을 자극하고 아이의 눈높이를 맞춘다. 영지의 발달보다 딱 반걸음만큼만 앞서는 놀이를 소개하고 반응을 살핀다. 여지없이 반짝이는 눈빛은 '재미있어 죽겠다'는 신호를 보낸다. 하기 싫을 때까지 반복하다가 새로운 방법을 찾아내기도 한다. 가르치려 하지 않고 아이의 발달과 호기심을 자극해 주며 함께 공감하고 즐거운 시간을 갖는다. 집에서도 억지로 무엇을 가르치려 하지 말 것을 당부한다.

6살이 된 영지는 한글은 물론 숫자 읽기와 셈하기도 알아서 척척 잘한다. 엄마는 어떤 사교육도 시키지 않는다. 하고 싶은 것을 할 수 있도록 환경을 마련해 주고 아이를 존중해 준다. 원하는 것이 있을 때 최대한 아이의 요구를 들어주고 집안일을 한다. 아이의 눈빛을 따라가며 놀아주니 인지발달은 저절로 이루어진 듯하다. 엄마는 내게 감사하다지만 사실은 아이 혼자 해낸 일들이다. 아이들은 태어날 때부터 신기하리만큼 똑똑한 존재다. 환경이 어떤 자극을 주느냐에 따라 달라진다. 너무 과하거나 모자람 없이 딱 반 걸음씩만 먼저 호기심을 자극해 주면 된다.

인지발달이 늦다고 조바심 내지 말고 아이의 발달에 맞는 놀이로 눈높이를 맞춰 준다. 아이마다 개인 차가 있는 것처럼 선호하는 놀이도 다르다. 숫자 놀이를 좋아하는 아이가 있는 반면 로봇장난감 놀이를 좋아하는 아이도 있다. 이왕이면 학습에도 도움 되는 놀이가 되면 좋겠다고 생각하는 엄마는 아이와 놀아주면서 하나, 둘, 셋......, A, B, C, D......를 은연중에 내뱉는다. 놀이가 학습이 되면 엄마와 함께 놀이하는 자체를 싫어한다. 엄마는 아이에게 꼭 필요한 인적 환경이 되어야 한다.

사자성어 중에 큰 사람이 되기 위해서는 많은 노력과 시간이 필요하다는 뜻의 '대기만성(大器晩成)'이라는 말이 있다. 이 말이 내 아이에게 적용된다는 느긋한 마음으로 기다려보자.

책과 함께 생각하기

이 책은 조선 중기에 살았던 시인 '김득신'이 어릴 적부터 너무 아둔하여 수백, 수천 번씩 책을 읽었는데 사마천의 『사기』 중에서 「백이전」은 무려 1억 1만 3천 번 읽었다는 이야기에 감명을 받아 쓰게 된 이야기입니다.

'노자'란 뜻이 몽담이의 이름 속에 들어 있어요. "너는 학문으로 세상에 이름을 떨칠 게야. 아비는 한 번도 그것을 의심한 적이 없어." 몽담이의 눈가에 고였던 눈물이 책상 위로 툭 떨어졌어요. "백 번 천 번을 읽어도 깨치지 못하면 어쩌겠느냐?" 몽담이는 눈물을 닦고 대답했어요. "만 번을 읽겠습니다." "그래도 깨치지 못하면?" "억 번을 읽겠습니다." 몽담이는 힘주어 대답했어요. "그렇지. 그렇게 부지런히 익힐 수 있겠느냐?" 아버지는 몽담이와 눈을 맞추었어요. "예, 깨칠 때까지 읽고 또 읽겠습니다."

– 이영서 『책 씻는 날』 중에서

💡 생각 질문1

기다릴 줄 아는 부모인가요?

💡 생각 질문2

뭘해도 잘 될 녀석이라고 생각해 볼까요?

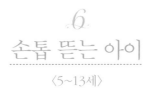

6.
손톱 뜯는 아이
〈5~13세〉

만나는 아이 중 손톱을 물어뜯지 않는 아이가 드물 정도이다. 많은 아이가 무의식적으로 손을 입으로 가져간다. 손톱깎이가 필요 없다. 불안하거나 긴장될 때 흔히 하는 행동이다. 아이의 손톱 뜯기는 보통 6세~7세 경에 시작한다. 이전에 받은 스트레스나 불안을 신체 현상으로 나타내는 시기이다. 손으로 뜯는 아이도 있지만 대부분 이로 물어뜯는다.

김린이는 예쁜 것을 좋아하는 7살 아이다. 화려하게 치장하고 벌써 자기 스타일을 고집하는 멋쟁이 아가씨이다. 커다란 장식이 있는 머리띠를 자주 하고 알록달록한 옷을 즐겨 입는다. 어떤 때는 빨강, 파랑 양말을 짝짝이로 신고 와서 나에게 설명한다. 신발도 짝짝이로 신는다는 것을 엄마가 말린다. 김린이의 손톱 물어뜯기는 여섯 살 후반부터 시작됐다. 엄마가 아무리 말려도 소용없다. 손톱을 깎으려고 보면 손톱 밑 살이 보일 정도로 뜯긴 상태다. 외동딸인 김린이는 아기였을 때부터 교육열이 강한 엄마를 따라 여러 센티를 다녔다. 내부분 학습하는 곳이다. 또래 아이와 경쟁하는 것을 일찍부터 경험한다. 정서 반응이 빠르고 공감을 잘하는 김린이는 승부욕도 강하다. 자기도 모르게 스트레스를 받고 있었다. 집에 오면 학습지를 내미는 엄마다. 아직 유치원에 다니고 있지만 일주일의 일정이 빡빡하다. 손톱을 뜯기 시작하면서 모든 것을 거부한다. 잘 따라와 준 아이가 갑자기 그러니 엄마는 당황스럽다. 같이 다니던 아이는 아직도 잘 다니는 곳을 거부하니 불안하다.

강하게 거부하는 아이를 보며 지난 시간을 되돌아본다. 김린이는 놀이에서도 학습적인 냄새가 나면 쳐다보지도 않으려고 한다. 호기심이 생기기도 전에 과한 자극을 받은 탓에 궁금해하지도, 알고 싶지도 않다. 놀이하는 중에 손이 무의식적으로 입으로 간다. 황금같은 유아기를 과한 인지발달에 초점을 맞춘 교육 때문에 과부하가 걸린다. 머리는 쓰고 싶지 않다. 지금까지 받은 스트레스가 다시 반복되는 긴장감이 올라오면 보이는 증상이다.

다양한 놀이로 스트레스를 풀도록 한다. 놀이하는 동안 실컷 웃고 표현하며 즐겁고 행복한 시간을 만든다. 자기주장이 강하고 자존심이 센 김린이는 7살이 되어서야 자유를 얻는다. 마음이 편해지면서 엄마의 이야기도 들어준다. 엄마가 멋 내기를 좋아하는 아이에게 손톱이 길면 네일아트를 해주겠다는 약속을 한다. 알록달록 예쁘게 치장한 손톱을 내

밀며 "선생님, 제가 이거 하려고 얼마나 참았는지 알아요? 손톱 안 물어 뜯으려고 꾹 참았어요. 예쁘죠?" 자기의 인내가 얼마나 어렵고 힘들었는 지, 성공해서 예쁜 손톱을 만든 것이 얼마나 기쁜지 표현하는 아이의 얼굴에는 미소와 행복이 가득하다. 그 후로 더는 손톱을 뜯지 않는다.

여진이는 평화를 사랑하는 초등학생이다. 친구와 싸움을 중재하고 사이좋게 지낼 수 있도록 분위기를 만든다. 유머감각도 뛰어나서 여진이가 있는 곳에서는 언제나 웃음이 떠나질 않는다. 공부를 잘하지만 공부가 싫다는 아이다. 경쟁을 해야 하는 공부가 싫다. 해야 하기 때문에 어쩔 수 없이 한다고 말한다. 문제를 푸는 여진이의 손은 언제나 입에 가 있다. 몇 년째 계속되는 습관으로 손가락 끝이 무뎌져 있다. 여진이의 성향을 아는 엄마는 아이에게 과한 학습을 요구하지 않는다. 스트레스를 풀 기회를 준다. 일러스트레이터가 꿈인 여진이는 그림을 그리면서 스트레스를 풀기도 한다. 혼자 이기는 게임은 지나치게 싫어한다. 함께 협력하고 생각을 나누는 놀이에 적극적으로 참여한다. 이기는 놀이에서는 긴장감에 손톱을 뜯지만 협력 놀이에서는 그런 모습을 볼 수가 없다. 골똘히 생각하느라 손톱이 뜯기는 줄도 모르는 손을 내가 슬쩍 당긴다. 몇 번 같은 동작을 하니 처음에는 미소를 지으며 웃더니 우스꽝스러운 표정으로 "으! 이 손톱을 다 물어 뜯어버릴 테다!"한다. 그 말과 표정에 친구들이 깔깔거리며 웃는다. 여진이는 긴장과 불안을 싫어한다. 적당한 긴장과 불안은 어떤 것을 해내게 하는 좋은 스트레스가 될 수도 있다.

성향상 그것을 견뎌내기가 힘든 여진이다. 또래 아이에게 인기가 많고 성격 좋다는 말을 많이 듣는다. 자신을 이해하는 정도가 깊어 성장하면서 스트레스를 이기는 내면의 힘을 키울 것이다. 지금은 아이의 생각과 행동을 존중하며 지켜보고 바라보는 것이 좋다.

정윤이는 평소에도 손톱을 잘 물어뜯지만 잠자기 전이 특히 심하다. 침대에 누워서 발을 입에 갖다 대고 발톱을 물어뜯는다. 손발톱은 깎을 필요가 없다. 정윤이의 이런 증상은 동생의 고집이 점점 세지면서 시작됐다. 정윤이는 감수성이 예민한 아이다. 엄마의 감정을 잘 이해하고 공감해준다. 엄마의 힘듦을 이야기하면 항상 수긍하며 트집 잡고 짜증 부리던 행동도 멈춘다. 엄마 처지에서 보면 착하고 말 잘 듣는 아들이다. 동생은 정 반대다. 놀다가도 마음에 내키지 않으면 큰 소리로 울고 엄마가 감당하지 못할 만큼 떼를 쓴다. 동생이 시비를 걸어 싸움이 나도 참는 건 항상 정윤이다. 말귀를 잘 알아듣고 엄마의 말에 수긍을 잘하니 정윤이에게 양보하라고 한다. 시끄럽고 불편한 게 싫은 정윤이는 대부분 동생에게 양보하고 사과한다.

동생의 고집과 떼쓰기로 엄마와 한판 전쟁이 시작되면 불안하다. 참을 만큼 참다가 "엄마, 웬만하면 그냥 용서해줘요."라며 엄마의 이성을 되찾게 해주는 아들이다. 조용히 평화롭게 보내고 싶은 일상이 동생 때문에 불편해지니 사건이 발생할 때마다 불안하다. 자기도 모르게 뜯게 된 손톱이다. 엄마도 그런 정윤이의 심리상태를 짐작하지 못한다. 성격 좋다는 말을 많이 듣는 정윤이도 덜렁대고 급한 탓에 엄마의 잔소리를 자주 듣는다. 잠자기 전 사소한 문제로 또 한차례 실랑이가 벌어지면 혼자 손톱을 뜯고 있다. 짧아진 손톱에 만족하지 못한 입이 발톱을 향한다. 급하고 덜렁대지만 섬세하고 다정한 성향이 자기가 대상이 된 갈등이 아니더라도 간접적인 영향을 받는다. 그때마다 불안하고 스트레스를 받는다.

아이를 탐색한 나는 정윤 엄마에게 이런 사실을 알린다. 크게 깨달은 엄마는 되도록 정윤이 앞에서 동생과 갈등 상황을 만들지 않는다. 소리치며 잔소리했던 것도 고치고 표현방법을 다르게 한다. 엄마의 감정과 기분을 먼저 얘기하는 식의 나 전달법을 사용한다. 사소한 실천이지만 꾸준히 했더니 정윤이의 행동에 당장 변화가 온다. "선생님, 저 이제 발톱은 안물어 뜯어요." 하며 씩씩하게 말한다. 불안이 그만큼 감소했다는 신호이다. 아이를 위해 실천하는 엄마의 노력이 훌륭하다.

성혜는 손톱을 입으로 뜯는 게 아니라 손톱으로 뜯는다. 엄지손톱의 양옆은 하도 많이 뜯어서 굳은살이 앉았다. 불안하고 심심할 때 손을 책상 밑으로 내리고 쉴새 없이 뜯고 있다. 성혜를 처음 만났을 때 우울감이 얼굴을 덮고 있었다. 8살 어린아이에게 드리워진 그림자가 궁금하다. 말하기를 좋아하는 딸과 시끄러운 건 질색인 엄마이다. 온종일 재잘거려도 지치지 않는 에너자이저다. 제발 조용히 좀 있자고 말하는 엄마 옆에서 재잘거리는 성혜의 목소리가 공허하다. 여러 가지 일로 엄마도 기분이 가라앉아 있을 때였다. 엄마가 딸 앞에서 폭발하며 잔소리와 화를 내는 횟수가 잦아지면서 성혜의 말 수도 눈에 띄게 줄어든다.

사랑하는 엄마에게 외면당하는 느낌을 받으면서 우울감이 생긴다. 딸에게 냉정하게 대하는 엄마의 태도에도 우울함이 있다. 뭔가 문제가 있다는 걸 느끼면서 엄마는 해결하고 싶은 마음이다. 먼저 엄마의 우울이 어디서 오는지부터 알아본다. 딸에 대한 마음이 자신의 문제였다는 것을 깨닫는다. 성혜는 수업시간에 너무 많은 말을 해 담임교사에게 여러 번 지적을 받는다. 짝꿍에게 뿐만 아니라 주위에 앉은 친구들에게 말을 걸고 시끄럽게 해서 야단을 맞는다. 정도가 심해지자 선생님이 엄마에게 전화해 주의 줄 것을 당부하기도 한다. 집에서 해소되지 않은 욕구가 엉뚱하게 나타나니 엄마도 난감하다. 야단을 치기도 하고 타이르기도 하지만 잘 고쳐지지 않는 성혜의 행동이 걱정이다.

나와 마주 앉은 성혜는 말을 하지 않고 손톱만 뜯고 있다. 일반적인 아이들보다 친해지는데 시간이 오래 걸렸다. 성혜가 먼저 다가오기를 기다리고 신뢰감을 쌓는데 정성을 다한다. 천천히 다가오는 선생님을 밀어내지 않고 마음속 이야기를 한다. 말문이 트이니 그동안 쏟아내지 못했던 이야기들이 줄줄 나온다. 표정도 밝아지기 시작한다. 그동안 나는 엄마에게 수없이 같은 말을 반복했다. 성혜의 장점을 이야기해주며 작은 행동 하나에도 격려해주고 사랑의 눈빛으로 아이를 바라보라고 한다. 엄마가 우울할 때 딸을 바라보는 표정과 눈빛이 싸늘하다. 우선 엄마의 마음부터 추스르고 난 후 엄마도 달라진다. 딸을 사랑하지만 표현에 서툰 엄마다. 힘들지만 하루에 한 번 잠자기 전에라도 꼭 사랑한다는 말을 하라고 전한다. 그 말을 듣고 실천해 준 엄마가 고맙다. 아이의 표정이 밝아지면서 엄마의 표정도 달라진다.

엄마가 행복해야 아이도 행복하다. 변할 수 없는 진리다. 욕구불만이 해소되면서 수업시간에 떠드는 행동이 사라졌다. 예전의 밝은 모습을 되찾으니 엄마는 다시 피곤해지고 있다는 말로 약간의 투정스런 말을 하지만 싫은 눈치는 아니다.

햇살 밝고 포근한 바람이 불던 어느 봄날, 성혜가 급하게 문을 열고 뛰어 들어오며 "선생님 선생님 빨리요! 제가 오늘 선생님에게 해주고 싶은 말이 얼마나 많은지 아세요? 빨리 들어봐요!" 헉헉거리며 의자에 앉는다. 그리고는 가족에게 일어난 일상이며 요즘 배우고 햇살 밝고 포근한 바람이 불던 어느 봄날, 성혜가 급하게 문을 열고 뛰어들어오며 "선생님 선생님 빨리요! 제가 오늘 선생님에게 해주고 싶은 말이 얼마나 많은지 아세요? 빨리 들어봐요!" 헉헉 거리며 의자에 앉는다. 그리고는 가족에게 일어난 일상이며 요즘 배우고 있는 수업에 관한 이야기를 재잘거리며 늘어놓는다. 그 모습을 보고 어찌 사랑하지 않을 수 있을까? 손톱 뜯는 것 정도는 아무 문제도 안 된다. 명랑하게 자라는 이 아이. 세상에 엄마 아빠 외에도 나를 진정 아끼고 사랑해주며 신뢰해주는 사람이 있다는 것을 깨닫게 될 즈음, 문제라고 생각하는 행동들이 사라지지 않을까. 그리고 성장하면서 그 정도는 누구나 한 번쯤 해 보는 것일지도. 단지 알아차리며 도움을 줄 수 있고 받을 수 있는 환경이면 감사할 일이다.

글을 쓰면서 '나도 어렸을 때 손톱을 물어뜯은 경험이 있을까?'를 생각해 보았다. 또렷한 기억은 없지만 희미한 기억의 자국이 있다. 나도 모르게 손이 입으로 가서 손톱을 씹었던 기억이다. 똑, 똑 소리가 나며 볶은 멸치 조각 같은 것이 내 입안에서 굴러다녔던 느낌이 아직 있다. 어떻게 없어졌는지는 생각나지는 않는다. 왜 그런 행동을 했는지도 모르겠다. 엄마는 바빠서 내가 손톱을 뜯었는지도 모를 것이다. 어떤 때는 무관심이 약이 될 때도 있다.

책과 함께 생각하기

꾸물이는 경주 걱정에 도무지 잠을 이룰 수가 없었어. 그렇게 며칠이 지나 시합 날이 밝았지. 땅! 총소리가 울려 퍼지자, 꾸물이도 토끼도 바람처럼 달려나갔어. 하지만 곧 토끼가 뒤처지고 말았어. 꾸물이가 워낙 빨랐어야지. 한참을 앞서 달리던 꾸물이는 잠시 멈춰 서서 뒤를 돌아보았어. 토끼는 아예 보이지도 않았지. 꾸물이는 바위 그늘에서 잠깐 쉬어 가기로 했어. 벌써 여러 날 잠을 설쳐서 너무 피곤했거든. 꾸물이가 눈을 떴을 땐, 이미 결승점을 지난 뒤였어. 모두들 토끼의 승리를 축하하느라 꾸물이는 거들떠보지도 않았어. "슈퍼 토끼가 돌아왔다!" "역시 달리기는 토끼라니까!" 꾸물이는 터덜터덜 집으로 돌아갔어. 그리고...... 아주 오랜만에 단잠에 빠져들었지.

– 유설화 『슈퍼 거북』 중에서

💡 생각 질문1

스트레스로 인한 아이의 행동을 알고 있나요?

💡 생각 질문2

사랑의 이름으로 아이에게 부담을 주고 있지 않나요?

5장

애착심이 강한 아이들

25년 동안 수많은 아이를 경험하면서 가장 관심 가는 부분이 애착이다. 생애 초기 애착은 인생 전반에 걸쳐 영향을 주고 있다. 아이마다 애착물이 다른 것도 흥미 있다. 성격과 성향에 따라 애착물이 달라진다. 양육자와 이루어진 애착으로 평생을 살아가는 우리들이다. 안정 애착이 형성되었는지 불안정 애착이 형성되었는지에 따라 심리발달이 이루어지고 성격도 형성된다.

애착의 사전적 의미는 '부모나 특별한 사회적 인물과 형성하는 친밀한 정서적 유대' 라고 정의한다. 해리 할로우의 원숭이 애착 연구는 정서적 유대가 단순히 먹이고 입히는 것보다 더 중요함을 알 수 있다. 연구에서는 철사로 된 대리모 두 개를 설치한다. 한 개의 대리모는 철사로만 만들어지고 그곳에 가면 우유를 먹을 수 있다. 또 다른 대리모는 철사 위에 헝겊을 싸 놓는다. 헝겊 대리모에게 우유는 없다. 아기 원숭이는 몸은 헝겊 대리모에 걸치고 팔을 뻗어 철사 대리모의 우유를 먹는다. 몸이 머무는 곳은 헝겊 대리모다. 원숭이들은 누가 우유를 주느냐와 상관없이 헝겊으로 된 대리모를 철사 대리모보다 강하게 선호한다는 결과다. 생애 초기 정서적 안정과 따뜻한 접촉은 어떤 위안과 안정을 주어 아이의 발달에 많은 영향을 미친다.

아이를
아이답게!

아이는 아이다울 때 가장 빛나 보인다.

아이다움은 천진난만하고 실수를 하고 넘어지기도 하는 것이다. 넘어져서 울기도 하고 언제 그랬냐는 듯 다시 미소를 보이며 웃는 해맑음이다. 야단맞아도 금세 잊어버리는 천방지축이다. 우리도 그렇게 자랐다. 나쁜 아이는 없다. 완벽한 아이도 없다. 아이다움을 사랑하자. 아이가 내 눈에 들어온 날 나는 비로소 선생이 되었다. 그들을 진정 사랑할 수 있게 되었다.

엄마 아빠에게 내 마음을 전하듯이 써 내려 간 어린 동화작가의 동화 내용을 소개하며 아이들의 마음을 대신 전한다.

사랑하는 이 세상 모든 엄마 아빠들에게

우리끼리니까 하는 얘긴데, 어른들은 태어날 때부터 어른이었나 봐.
아무것도 몰라. 정말로 내가 무엇 때문에 우는지 말야!
피망쯤은 사실 그냥 먹을 수도 있어. 치과도, 주사도 별거 아니지.
길 가다 갑자기 미국 사람을 만나도 피하지 않고 씩씩하게 이야기 나
눌 수 있어! 어둠 속 시계소리에 맞춰 노래하다보면 어느 새 신나는
꿈속인 걸!
오밤중 나타나는 괴물? 걘 내 친군데? 사실 내가 정말로 무서워하는
건 상상만 해도 가슴속에 눈물이 가득 차는 건 따로 있어.
앞에서 춤을 추고 노래를 부르고 데굴데굴 굴러도 아무 표정도 없는
삼촌
며칠 밤낮을 아무것도 먹지 않던 우리 집 금붕어 왕눈이가 내 곁을
떠나는 것
엄마도 아빠도 모두 바빠 텔레비전만 봤던 나의 생일날
이야기하고, 이야기하고, 이야기해도 아무도 내 말을 믿어 주지 않
던 날
아빠 엄마가 크게 싸우던 밤 온 집에 울려 퍼졌던 아빠의 고함소리
우앙! 정말 어른들은 아무것도 몰라!
내 마음은 알지도 못한 채 이렇게 또 초콜릿만 주고 있잖아.

　　　　　　　　　　　- 변선진 『절대 보지 마세요! 절대 듣지 마세요!』

1
애착물을 들고
다니는 아이
〈3~7세〉

혁이는 19개월이 되면서 나와 떨어져 자게 된다. 맞벌이하는 상황이라 퇴근 전까지 온전히 할머니와 함께 시간을 보낸다. 어머니의 휴식을 위해서 저녁부터 다음 날 아침까지 혁이는 내 몫이다. 엄마와 함께 있는 것도 좋지만 잠이 오면 울며불며 할머니를 찾는다. 결국 할머니와 자게 된다. 어느 날 패스트푸드 점에 들렀다가 사은품으로 받은 고양이 인형을 안아보고는 그날부터 손에서 놓지를 않는다. 그 느낌이 부드럽고 좋았는지 밖에 나갈 때도, 잠을 잘 때도 분신처럼 들고 다닌다. 지금 생각해 보면 할머니와 애착이 형성된 혁이는 엄마의 젖가슴도 그립다. 인형은 엄마의 가슴 대신이었다.

혁이의 고양이 인형에 대한 사랑은 각별했다. 자기의 팔뚝보다 긴 인형을 집 안에서도 안고 다니면서 말을 건다. 야단맞은 날에는 인형을 꼭 안으며 함께 슬퍼하고 위로도 받는다. 눈물범벅이 된 얼굴을 인형에 비벼가며 우는 모습은 귀엽기도 하고 웃음을 자아내던 모습이다. 그렇게 아끼던 고양이 인형을 휴일 친구 집에 갔다가 그만 잃어버렸다. 잠든 아이를 안고 짐을 챙겨오면서 흘렸나 보다. 순간 하늘이 노래진다. 잠에서 깨면 바로 찾을 것이 뻔해 왔던 길을 되돌아가서 샅샅이 찾아보았지만 아무 데도 없다. 예상대로 일어나자마자 인형부터 찾는다. 상황을 설명했지만 3살 아이가 이해해 줄 리가 없다. 고양이 인형을 찾아내라며 슬프게 운다. 고양이었지만 늑대 같은 모양을 하고 있었던 인형에게 '늑대'라고 불렀다. "늑대야! 늑대야!"라며 구슬프게 우는 아이를 달랠 길이 없다. 시내의 장난감 가게를 돌아다니며 똑같은 인형을 찾아다녔다. 비슷한 인형을 사와서 줬지만 그건 자기 늑대가 아니라며 거들떠보지도 않는다.

3일 동안 늑대를 찾으며 울다 잠든다. 마침 방문한 친척 집에서 누나가 준 곰돌이 푸우 인형에 눈길을 준다. 촉감이 마음에 들었나 보다. 나에게는 구세주가 따로 없었다. 그때부터 손바닥만한 푸우 인형을 매일 가지고 다니며 애정을 준다. 한참 동안 이어지던 푸우 사랑은 할머니의 결단으로 막을 내린다. 인형을 얼굴에 부비며 자는 습관으로 아토피 피부염이 생겨서 내린 결정이었다. 며칠을 뒤척이더니 이불로 애착물이 자연스럽게 옮겨가게 되었다. 할머니의 사랑을 듬뿍 받으면서 자랐지만 엄마와도 함께 있고 싶었던 마음을 애착물로 대신했다. 이사하면서 숨겨두었던 푸우 인형을 보고 그때의 이야기를 해 준다. 대학생이 된 혁이는 그때의 일이 하나도 기억나지 않는다고 한다. 지금 그는 애착물은 따위는 필요 없는 의젓한 성인이 되었다.

승준이는 가방에 애착물을 넣고 다니는 3살 남자아이다. 어디를 가든 그 가방을 들고 다닌다. 어린이집에 가서도 어깨에서 반대쪽 허리로 내려오도록 맨 가방을 몸에서 내려놓지 않는다. 불편해 보이니 내려놓으라고 하면 불안해하고 울기도 한다. 엄마도 여러 번 집에 두고 갈 것을 권했지만 소용없다. 무거운 가방을 매일 메고 다니는 아이가 안쓰럽다.

놀이방에서 가방을 메고 공룡 놀이를 한다. 큰 공룡은 엄마 공룡, 작은 공룡은 아기 공룡이라고 정한 다음 엄마와 아기는 함께 있어야 하고 같이 잠을 자야 한다며 짝을 지어 눕힌다. 이불을 덮어 주며 "엄마는 아기를 사랑해!"라고 반복하며 속삭인다. 공룡 놀이를 한 다음 날부터 거짓말처럼 승준이의 가방이 몸에서 떨어졌다. 매일 잠자기 전 머리맡에 두었던 인형들도 사라진다. 신기해하는 엄마, 도대체 어떻게 된 걸까?

예민해서 엄마의 관심을 온통 받는 누나에게 엄마의 눈빛과 관심을 빼앗겨버린 승준의 마음을 어루만져 준 것은 애착물이다. 엄마가 누나 때문에 힘이 드니 순하고 말 잘 듣는 승준이는 애착물을 몸에 가지고 다니면서 불안한 마음과 허전한 마음을 달랬다. 놀이하다가 자기도 미처 깨닫지 못한 것을 알게 된다. 엄마는 아기를 사랑하고 보호해 준다는 것과 포근하고 따뜻한 엄마는 나를 항상 지켜 주는 사람이라는 걸 스스로 깨닫게 되었다. 그리고 선생님의 한 마디가 아이 마음을 움직인다. "승준이가 아끼고 사랑하는 것들이 좁은 가방에 온종일 매달려 있어서 너무 답답하고 불편하겠다." 친숙해지고 나서 던진 한마디 말에 깊은 공감을 한다.

아이가 아끼는 애착물을 존중해주자. 이 시기 아이들은 대부분 물활론적 사고(무생물에도 생명이 있다는 사고)를 한다. 승준에게 내 말이 통한 것도 이런 이유에서다. 아이의 마음을 위로해 주고 공감해주니 내 말에도 공감한다. 어린이집에 가기 전 엄마가 "승준아 오늘은 가방 안 가지고 가니?"하고 물으니 "걔들이 나랑 같이 다니면 불편해요."하고 잠을 자기 전 줄을 세우던 인형을 한쪽으로 가지런히 치우며 "내가 잘 때 인형들도 잠을 자야 해."라고 말한다.

재유는 유치원 버스를 타고 연구소에 온다. 큰 길가에 주차하고 내리는 잠깐이 마치 긴 터널을 지나는 것 같다. 버스 뒤로 길게 늘어 서 있는 차들을 보면 미안함과 조급함이 함께 밀려온다. 재유가 버스에서 내리지 않고 꾸물대기 때문이다. 가방 한가득 장난감을 넣고 다니는 재유는 연구소에 내릴 때쯤 되면 가방에서 그걸 꺼내 양손 가득 들고 있다. 작은 손 보다 넘치게 잡아 버스 바닥으로 떨어져 줍느라 시간이 지체된다.

유치원에 그걸 왜 들고 가냐고 물어본다. 검지를 입으로 갖다 대며 "쉿, 선생님 비밀이에요. 유치원에 들고 가면 안 되는 거에요. 근데 나는 선생님 몰래 가방에 넣어 가요. 유치원에서는 절대 꺼내지도 않고 친구들에게도 비밀이에요." "꺼내고 싶어서 어떻게 참았니?"라고 물으니 "선생님이나 친구들에게 들키면 뺏기니까 그렇죠."라며 씩 웃는다. 매일 아침 좋아하는 장난감들을 고르고 넣는다. 대부분 재유가 좋아하는 작은 공룡들과 자동차다. 꺼내서 놀 수는 없지만 가방에 있다고 생각하면 마음이 든든하다. 집에 갈 때까지 힘들어도 견딜 수 있다. 연구소에 오면 버스에서 내리며 내 얼굴을 보자마자 "선생님, 이거 이름이 뭔지 알아요?"라며 가장 아끼는 장난감 이름들을 이야기하며 수다쟁이가 된다. 놀이방에 가지고 온 장난감을 일렬로 세워놓고 자기가 하는 놀이를 보고 있으라고 한다. 가끔 놀이에 참여시킬 때도 있다.

가장 좋아하는 장난감이 애착물이 된 재유는 강한 것을 좋아한다. 힘이 세고 빠르면 튼튼해서 자기를 지켜줄 수 있다고 믿는다. 그렇다고 아이가 유치원에 적응을 못 하거나 친구 관계가 나쁜 것도 아니다. 그냥 재유를 지켜주는 수호신 같은 역할을 한다. 부드럽고 말랑말랑한 것이 아니지만 아이의 성향에 따라 이런 딱딱하고 거친 것이 애착물이 되기도 한다. 재유는 7살이다. 놀이의 패턴이나 관심이 또래와는 조금 다르다. 규칙이 있는 게임을 즐기기 시작하는 친구들과는 달리 승부가 있는 게임을 싫어한다. 좋아하는 공룡이나 상어 인형과 싸움 놀이를 하며 즐긴다. 이쪽이 이겼으면 이번에는 저쪽도 이길 수 있는 경기를 계획한다. 내가 바라보며 상호작용해 주는 것을 좋아한다.

아기 때부터 바빴던 엄마는 재유 옆에 오래 있어 주지 못한다. 친척 이모나 할머니가 번갈아 가며 아이를 보육해 주었다. 엄마는 아이와 함께 있는 시간 동안 깊고 진한 사랑을 주고 있다고 생각하지만 항상 허전한 마음이 한구석에 남아 있다. 애착물은 허전한 마음을 달래주는 좋은 친구인 것이다.

뱃속에서부터 엄마와 교감해 왔던 아이는 세상에 태어나면서 엄마로부터 독립하는 연습을 천천히 한다. 모유를 끊고 밥을 먹기 시작한다. 엄마의 등에서 떨어져 걷기 시작하고 잠을 혼자 자야 할 때가 온다. 엄마의 보살핌이 줄어드는 건 당연한 일이고 또 그래야 건강한 아이로 성장할 수 있다. 이런 과정은 인간이라면 누구나 겪는 성장 과정이다. 엄마의 느낌이 나는 편안하고 포근한, 따뜻한 무엇이 아이를 편안하게 만든다. 그 무엇이 이불일 수도 있고 인형, 베게, 장난감, 자기 손가락이거나 엄마의 신체 일부일 수도 있다. 애착물이 생기면서 엄마로부터 분리되는 일이 조금 쉬워진다.

엄마와 긴밀한 정서적 유대가 중요했던 것처럼 애착물과의 관계도 존중해 준다. 매일 끼고 다니는 애착물을 함부로 하거나 하찮은 것으로 대하면 상처를 받는다. 엄마와 아기가 분리되었던 것처럼 자라면서 자연스럽게 분리가 된다. 어느 날 애착물은 찾지도 않는 아이를 보게 된다.

책과 함께 생각하기

사람과 동물의 우정, 교감, 그리고 개인의 성장과 자아실현이라는 어려운 주제를 소년과 물고기의 우정 이야기를 통해 기발하고도 유쾌하게 들려줍니다. 레미는 일곱 살 생일을 맞아 작은 물고기 핀두스를 선물 받았어요. 하지만 멋진 물고기 핀두스에게는 문제가 있었어요. 엄청나게 시끄럽다는 거예요! 레미는 핀두스의 부글거리는 소리를 연구한 끝에 마침내 물고기 언어를 알아냈지요.

– 레미 크루종 『수다쟁이 물고기』

💡 생각 질문1

아이의 애착물을 존중해 주나요?

💡 생각 질문2

성인이 되어도 애착물에 집착할 수 있을까요?

2
공주 옷만
입으려는 아이
〈5~10세〉

　여자아이는 4살쯤 되면 남자아이보다 외모에 신경을 많이 쓴다. 분홍색 옷만 고집하거나 캐릭터 공주 옷만 입겠다고 한다. 미디어 노출이 빠른 요즘 아이들은 원하는 것이 많다. 옷과 신발, 장신구 등 동화나 영화 속 주인공이 되고 싶다. 아이가 하나 혹 둘인 부모는 대부분 원하는 것을 들어 준다. 마치 동화 속에 나오는 주인공처럼 꾸미면 진짜 주인공이 된 것 같다. 한 번도 해 보지 못한 것을 쉽게 가질 수 있는 아이를 보면 사실 부럽기도 하다. 일곱 살쯤 빨간색 물방울무늬 프릴 치마를 입고 싶어 엄마를 졸랐던 기억이 있다. 엄마에게 야단맞아가며 매일 졸랐었다. 빠듯한 살림에 시장가기도 힘들었던 시골에서 엄마는 참 곤란했으리라. 드디어 내가 프릴 치마를 입게 된 날. 정말 날아갈 것만 같았다. 지금 생각해도 입가에 미소가 번지며 행복했던 순간이 떠오른다. 여자아이들에겐 그것이 행복 아니었을까.

가끔 멋쟁이 엄마가 딸의 바람을 꺾어 버리는 경우도 본다. 머리끝부터 발끝까지 핑크를 고집하는 아이의 차림이 너무 촌스럽다고 생각하기 때문이다. 공주 옷차림새를 좋아하고 그렇게 할 수 있는 용기는 딱 7살까지이다. 학교에 들어가면 친구의 시선과 스스로의 느낌 때문에 더는 없다. 길어봐야 3~4년이다.

한때 미국의 애니메이션《겨울왕국》이 상영되고 난 후 여자아이들이 엘사가 입었던 옥빛 드레스를 유행처럼 입고 다녔다. 여자아이의 선물 1호가 될 만큼 인기를 끈 의상이었다. 지금도 인기는 여전하다.

지수는 3살 위 언니가 우상인 5살 여자아이다. 언니가 하는 것은 다 따라 하고 싶다. 대단해 보이는 언니는 공주 옷을 입지 않는다. 그렇게 멋지고 아름다운 공주 옷을 입지 않는 언니를 이해할 수 없다. 머리도 언니처럼 길게 기르고 싶다. 언니처럼 하고 싶은 지수는 엘사 옷만큼은 포기할 수 없다.

아무리 언니가 입지 않는다고 해도 언니와 조금 달라 보여도 공주 옷을 입는다. 멋진 요술봉도 들고 다닌다. 세상을 다 가진 듯한 지수의 표정은 행복 그 자체다. 아이에게 공주 옷은 상상 놀이로 들어가는 준비물과 같은 것이다. 현실에서의 만족감과 상상 속 놀이를 통해 행복감을 맛본다. 얼마 입지 못하고 버리게 되더라도 아이의 소원을 들어주는 게 좋다. 현실과 동화 속을 오가며 상상 놀이에 재미를 느끼고 풍부한 감수성을 갖기도 한다.

　나와의 놀이에서 엘사는 항상 지수 몫이다. 나는 엘사의 동생 안나역이다. 예쁜 엘사역을 선생님에게도 기회를 달라고 졸라도 어림없다. 상상놀이를 하면서 현실에서 이루지 못하는 힘을 부리기도 하며 만족감과 희열을 느낀다. 요술봉을 휘두르며 선생님을 조정하고 강함을 표현하는 지수에게서 빨리 자라고 싶은 성장 욕구도 볼 수 있다. 실컷 놀이를 한 후에는 뒤도 돌아보지 않고 놀이방을 빠져나간다. 더는 미련이 없다는 뜻이다. 인사를 하자고 하면 뻣뻣하게 굴다가 놀이방에 들어오면 태도가 완전히 바뀐다. 고분고분, 재미있는 선생님과의 놀이에 한껏 기대에 부푼다. 충분히 만족한 후에는 또다시 처음 만났을 때의 모습을 보인다. 자존심 강하고 수줍음이 많은 지수의 표현 방법이다. 귀엽고 도도한 꼬마 아가씨의 모습에서 웃음이 절로 난다.

　승희는 7살 멋쟁이 공주이다. 뽀얀 피부에 예쁜 얼굴, 화려한 옷을 보면 멀리서도 그녀를 알아볼 수 있다. 공주처럼 예쁜 옷을 입고 코디도 혼자 한다. 그야말로 나도 인정한 멋쟁이 아가씨다. 승희는 자기표현을 시작할 때부터 옷의 취향을 엄마에게 이야기하곤 했다. 처음엔 대수롭지 않게 여겼다. 한해 두 해 나이 먹어가면서 요구 조건이 늘어날 때마다 엄마는 피곤해지기 시작한다. 쇼핑을 하러 갔다가 엄마가 마음에 드는 신발을 산다. 딸이 신었을 때 예쁘게 어울리는 모습은 입가에 미소가 절로 지어지는 순간이다. 기대와 달리 엄마의 선택이 마음에 들지 않는 승희다. 징징거리며 트집 잡고 까탈 부려 다시 신발을 샀던 곳으로 간다. 이것저것 꼼꼼히 따져 본 후 한참을 고른 후에야 흡족한 미소를 짓는다. 판매원도 놀라워하는 승희의 쇼핑 수준이다. 그 후로 승희의 물건을 살 때는 꼭 함께 간다.

승희는 꾸미기를 좋아한다. 외모를 꾸미기에 더욱 집중하게 된 계기는 유치원에 적응하지 못하면서다. 친구와 쉽게 어울리지 못하고 엄마와 떨어지기가 힘들다. 아침마다 울면서 유치원에 가게 되고 낯선 친구와 어울리는 것도 어색하다. 억지로 다니면서 원래부터 좋아하던 외모 가꾸기에 집중한다. 유치원에 갈 때도 집에서처럼 한껏 멋을 내고 가더니 친구들과 선생님의 반응이 강했다. 관심받는 기분 좋은 경험을 한다. 그때부터 매일 색다른 옷을 입고 가기를 원한다. 똑같은 옷을 입고 가는 날에는 액세서리라도 바꿔서 간다. 엄마는 이런 딸의 패션 감각을 하소연한다. 아침마다 옷 챙겨주는 것도 일이고, 머리며 신발이며 모두 자기가 원하는 대로 해야 하니 준비 시간이 두 배나 걸린다.

옷을 예쁘게 입는 것도 재능이다. 아이가 원하는 것을 인정해 주고 스스로 할 수 있게 도와준다. 시간이 오래 걸리면 일찍 깨워서 준비할 시간을 준다. 승희가 입는 공주 옷은 분홍색만 있는 게 아니다. 다양한 색깔로 갖춰 입고 어떤 날에는 흑백의 조화로운 컬러로 매칭해서 입기도 한다. 양말까지 코디해서 입는 7살 아이를 보며 놀랍기까지 하다. 이런 감각을 나는 맘껏 칭찬해 준다. 이 아이가 자라서 세계적인 디자이너가 될지 아무도 모를 일이다.

친구의 눈총을 받으면서도 공주 옷을 고집하는 초등 아이도 있다. 윤지는 세련되지 않지만 분홍 빛깔 옷을 즐겨 입는다. 막내인 윤지는 또래보다 정서적인 성장이 느리다. 몸은 9살이지만 아직 유아적 사고를 한다. 어리광을 부리고 아기 소리를 할 때도 있다. 윤지에게는 그에 맞는 놀이와 상호작용이 필요하다. "네가 나이가 몇 살인데 아직도 그러니?"라는 말은 상처를 주고 자존감을 떨어뜨리게 한다. 눈높이에 맞는 대화와 상호작용으로 성장할 수 있게 도와준다. 아기처럼 행동한다고 아기처럼 대하라는 말은 아니다. 원하는 것을 할 수 있게 해 주고 기다려 준다.

행동이 느리고 매사에 느긋한 윤지다. 친구가 분홍색 옷을 입고 다니냐고 핀잔을 줘도 예민하게 반응하지 않는다. 엄마는 입고 싶은 대로, 하고 싶은 대로 윤지가 원하는 대로 둔다. 3학년이 되면서 완전히 달라진 모습을 보인다. 살이 찌면서 거울에 비친 자기 모습과 옷이 어울리지 않는다는 것을 깨닫는다. 또래보다 느렸던 정서적인 성장도 했다. 눈치가 없다고 생각했던 아이가 자기를 깨닫는다. 엄마가 걱정될 정도로 무채색 옷을 입고 오빠와 비슷한 스타일의 옷을 즐겨 입는다. 얼마 전까지와는 다른 모습을 보고 걱정되어서 유머를 담아서 묻는다. "윤지야? 네가 사랑하던 분홍색 옷은 다 어디로 간 거니?" "그거요? 이제 유치해서 전 안 입어요." 그렇게 쿨하게 대답하고 웃어넘긴다.

역시 아이의 성장 과정이다. 때가 되면 자아를 더 성장시키고 깨닫는다. 남들과는 다른 개성이 생길 수 있고 튀는 게 싫어 평범해질 수도 있다. 단지 다르다고 평가하거나 비웃지 말아야 한다.

원하는 것을 분명하게 표현할 수 있는 아이는 자아가 강하다. 옷에 애착 갖는 아이도 그렇다. 유아가 원하는 것을 정확하게 표현하는 것은 쉬운 일이 아니다. 표현했을 때 존중해 주고 인정해 주어야 한다. 인정받았다고 생각하는 아이는 그다음 단계로의 성장을 준비한다. 사사건건 아이의 행동에 제동을 걸면 좌절감만 경험하게 된다.

엄마가 주는 대로 옷 입는 아이도 있다. 남자아이들은 성향상 옷에 관심을 잘 보이지 않는 편이다. 외형적으로 보이는 모습보다 입어서 편한가 그렇지 않은가가 옷 고르기의 기준이다. 만약 이런 아이가 단 한 번이라도 의견을 제시하면 주의 깊게 들어 주자.

앞서 영유아기에 엄마의 지나친 간섭으로 초등학생이 되어서도 옷을 잘 고르지 못하는 아이를 예로 들었다. 독립심이 발달할 시기에 모든 걸 엄마가 다 해 주어 자신이 무슨 옷을 좋아하는지조차 모른다. 엄마가 좋아하는 스타일의 옷만 입히고 공주 옷에 관심을 보이는 시기에는 딱 잘라서 "아니"라고 말했다. 선택하는 것을 가장 어려워하는 아이가 된다. 엄마의 의견이 더 중요하고 자기가 선택한 건 뭐든지 보잘것없는 생각이 된다. 아이가 선택한 옷이 촌스럽고 어울리지 않아도 격려하고 존중해 준다. 정말 아니라고 생각될 때는 "엄마 생각에는 이것도 괜찮은 것 같은데, 네 생각은 어때?"라는 말로 도움을 주는 정도로 한다.

공주 옷이든 계절에 맞지 않는 옷을 입든 아이가 원하는 대로 내 버려두자. 여름에 겨울옷을 입고 싶다고 할 수도 있고 반대일 경우도 있다. 위의 여러 가지 사례에서 알 수 있듯이 아이들은 때가 되면 스스로 깨달는다. 때와 장소에 어울리지 않는다고 생각할 때 스스로 바로 잡는다. 잔소리해 가며 아이와 갈등을 일으킬 이유가 없다.

책과 함께 생각하기

'만약에...'라는 말로 첫 장을 시작한 책은 처음부터 끝까지 '네가 만약 ~라면' 혹은 '만약 ~라면'이라는 질문으로만 꽉 차 있습니다. 코끼리가 네 목욕 물을 마셔 버린다면, 돼지가 네 옷을 입으려 한다면, 벌레죽을 먹어야 한다면, 오천 원 받고 죽은 개구리를 삼켜야 한다면, 함께 권투 시합하는 고양이 를 갖게 된다면... 황당하고도 우스꽝스러운 질문들로 게임 같은 유쾌한 상상이 그려지는 질문이 계속됩니다.

– 존 버닝햄 『네가 만약』

💡 생각 질문1

원하는 것을 정확하게 말하는 아이를 어떻게 생각하나요?

💡 생각 질문2

엄마가 시키는 대로만 하는 아이는 어떤가요?

3
로봇과 공룡을
좋아하는 아이
〈8~10세〉

남자아이라면 대부분 좋아하는 놀잇감이다. 3살이 지나면서 자아가 강해지며 선호하는 놀이가 생긴다. 개인마다 차이는 있지만 공룡과 자동차를 먼저 좋아하고 로봇 순으로 관심이 이동한다. 공룡을 좋아하는 이유는 가장 크고 최상이 되고 싶어 하는 이 시기 아이들의 발달상 특징 때문이다. 공룡 중에서도 티라노사우루스를 좋아하는 이유이기도 하다. 4살~5살 남자아이와 관계를 형성할 때 가장 많이 쓰는 도구이다. 공룡놀이는 아이와 공감대를 형성하고 친숙해지기 좋은 놀이다. 애착에 대한 것을 보여주기도 하고 욕구불만이나 정서적 불안과 공격성을 표현하기도 한다.

정우는 공격적인 성향 때문에 친구와 관계를 잘 형성하지 못하는 7살 남자아이다. 놀이터에 나가면 엄마는 늘 마음을 졸여야 한다. 평화로운 놀이터에 시끄러운 소리가 들리면 언제나 정우가 그곳에 있다. 친구와 시비가 붙고 몸싸움으로 번지면 상대방 엄마에게 사과해야 한다. 번번이 이러니 집 앞 놀이터에 나가 노는 것이 스트레스가 된다. 평소에는 멀쩡한 아이인데 친구와 어울리기만 하면 공격적이고 싸움을 하려는 아이가 왜 그러는지 이해가 안 된다. 놀이방에 온 정우는 가장 먼저 티라노사우루스를 잡는다. 내게는 초식공룡 잡을 것을 권하고 지금부터 싸우자며 도전장을 내민다. 시키는 대로 공룡을 잡고 가만히 있는데, 있는 힘껏 내리치며 에너지를 발산한다. 한참을 때리고 던지기를 반복하더니 이제 그만 해도 되겠다며 다른 놀이로 관심을 돌린다. 조건 없이 받아주기를 여러 번 되풀이하고 나니 더이상 싸움 놀이를 하지 않는다. 내가 개입할 기회이다.

"공룡을 때리고 나니 기분이 어떠니?"

"속이 시원해요. 내가 힘이 세니까 기분 좋아요."

놀이로 친밀감을 형성한 나에게 스스럼없이 기분을 말한다.

"친구와 있을 때도 그런 기분이 들 때가 있을까?"

"네. 애들이 규칙을 안 지키면 화나요. 처음 약속한 대로 해야 하는데 자꾸 약속을 안 지키고 차례도 안 지키면 머리끝까지 화가 나요."

차분하게 상황을 설명하는 정우는 꽤 의젓해 보인다. 원리 원칙대로 규범을 잘 지키는 아이다. 개구쟁이 7살 또래 남자아이들의 짓궂은 장난이 싫다. 한 두 번 말해서 자기 말을 잘 듣지 않는 친구에게 몸을 밀치거나 소리를 지르는 방법으로 의사 표현을 한다. 그것도 잘 안 듣게 되면 주먹이 나간다. 정우의 마음에 공감해 주고 좀 더 효과적인 표현 방법이 없을까를 의논해 보고 놀이로 표현한다. 좋아하는 공룡으로 역할 놀이를 하니 더 잘 이해하고 받아들인다. 7살쯤 되면 공룡이 시시해지고 현실적으로 더 가까이에 있는 로봇으로 관심이 이동하지만 정우는 아직 공룡이 좋다. 실컷 놀고 마음속 갈증도 해결하니 친구 관계도 좋아지며 배려하는 마음도 알게 된다. 그때부터 공룡을 선택하는 횟수가 줄어든다. 지금은 초등학생이 되어 규칙을 잘 지키고 친구를 배려해주는 모범생이 되었다.

지혁이는 아직도 공룡을 좋아하는 9살 남자아이다. 유치해 보이지 않으려고 공룡 놀이를 좋아한다는 걸 숨긴다. 잠깐 짬이 날 때마다 놀이방에 들어가서 공룡을 만지며 혼자 극 놀이에 빠져 있다. 집에서는 어릴 때 가지고 놀던 공룡 인형들을 치우고 없어 연구소에 올 때마다 눈길을 주며 호시탐탐 놀이방을 기웃거린다. 공룡을 가지고 놀면 동생 취급을 받을까 봐서 하고 싶다는 표현조차 하지 않는다. 현실에서 마음대로 되지 않는 자신의 능력을 상상 놀이에서 절대적인 힘을 부여해 강해지고 싶다. 규칙이 있는 놀이를 즐기기도 하지만 속마음은 공룡을 가지고 실컷 놀고 싶다. 자신의 미성숙함을 들키고 싶지 않다. 아직은 공룡 놀이를 대놓고 권하지 않는다. 마음을 숨기고 있는 만큼 나도 모른 척한다. 지혁이에게 공룡 놀이는 은밀하게 간직하고 싶은 안식처와 같은 편안함이다. 소중하게 간직하고픈 그리움과 같은 것을 방해하고 싶지 않아 지켜보고

만 있다.

자신은 잘하는 게 하나도 없다고 생각하는 지혁에게 장점 찾기 과제를 준다. 나를 만나고 가장 괴로워하는 표정을 짓는다. "선생님, 저는 잘하는 게 없는데 어떻게 생각을 하란 말이에요?"라며 뾰로통한 얼굴을 하며 불만을 표시한다. 과학을 좋아해 책을 많이 읽은 지혁이다. "지혁아, 넌 과학에 대해 아는 게 많잖아. 그것도 장점이야. 지난번에도 선생님한테 공생에 대한 설명을 해 줬잖아"했더니 그건 장점이 될 수 없다며 거부한다. 부정적인 사고를 먼저 한다. 행동이 느리고 또래보다 발달이 느려 마음먹은 대로 되는 게 별로 없다. 상상 놀이에서는 가장 강력한 힘을 가진 마법사가 된다. 놀이에서 마음을 위로받고 치유하고 있다.

공룡과 자동차를 좋아하던 아이가 어느 순간 로봇을 좋아한다. 요즘은 아이의 욕구(Needs)를 적용한 변신 공룡 로봇과 자동차 로봇도 본다.

어렸을 때 본 마징가 제트와 태권브이는 가슴을 뛰게 했던 캐릭터였다. 하늘을 슝슝 날며 악당을 물리치는 로봇이 정말 멋있어 보였다. 텔레비전에서 만화를 방영하는 시간에 숨죽이며 진지하게 봤던 기억이 아직도 생생하다. 하늘을 날며 정의를 위해 싸우는 로봇은 도덕성이 한참 발달하던 우리 형제들에게 우상이었다. 내가 자랄 때 보던 로봇과는 비교도 안 될 만큼 세련되고 멋있어진 요즘의 로봇을 본다. 아이들을 끌어당기는 힘이 참으로 강력하다.

태민이는 요즘 태권브이에 빠져 있다. 얼마 전까지만 해도 공룡 놀이를 재미있게 하더니 이제 공룡은 시시하다며 날아다니는 로봇 이야기를 하며 놀잇감을 로봇으로 변신시킨다. "태민아, 태권브이가 왜 좋아?"했더니 "선생님, 영웅이잖아요"라고 말한다. 악당을 물리치고 정의를 위해 싸우는 태권브이는 영웅이다. 영웅이 되고 싶은 여섯 살 꼬마 아이의 마음이 이해된다. 내 힘으로는 할 수 없는 일을 멋있게 잘 처리하는 것을 볼 때마다 얼마나 멋진지 모른다. 가끔은 미운 친구를 혼내주고 싶기도 하고 엄마 아빠에게 억울하게 야단맞는다고 생각할 땐 로봇으로 변신하고 싶은 마음도 간절하다. 상상 속에서 로봇은 태민에게 위안이 되고 의지가 되는 친구이다.

자동차가 로봇으로 변신하는 장난감이 크게 유행한 적이 있다. 물론 지금도 여전히 아이들에게 인기가 높다. 6살 조카 녀석의 크리스마스 선물을 사느라 동생이 무척 힘들었다는 얘기를 했다. 비싸기도 하지만 구하고 싶어도 구할 수가 없다고 한다. 그만큼 찾는 사람들이 많다는 뜻이다. 시리즈별로, 종류별로 모으는 아이도 있다. 그것을 다 모으면 커다란 또 하나의 로봇이 된다고 하니 갖고 싶은 욕구는 당연하다.

재원이도 그랬다. 또래 남자아이들에 비해 공룡에 열광하는 강도가 약했지만 로봇만은 양보할 수 없다. 눈만 뜨면 거실에서 조립하고 있다. 로봇을 들고 와서 내게 자랑을 하고 어떻게 조립되는지 상세히 설명까지 한다. 놀잇감으로 만드는 로봇도 제법 그럴싸하다. 덩치보다 소심하고 마음이 여린 재원이는 로봇을 통해 힘을 얻고 싶다. 몸이 둔해서 친구들보다 달리기도 느리고 운동도 잘 못 하는 자기를 로봇처럼 날쌔게 움직이는 상상을 한다. 역할 놀이와 상상 놀이를 하면서 얼굴에 번지는 기쁨과 희열의 미소는 '지금 매우 행복함'을 표현한다. 실컷 놀고 나면 엄마가 아무리 잔소리를 해도 유머로 받아넘긴다. 너그럽게 이해해 주고 익살스러운 웃음도 짓는다. 좋아하는 놀잇감으로 원하는 놀이를 하는 위력이다. 평소에는 짜증과 불만을 내 뿜다가도 로봇을 가지고 실컷 놀고 나면 기분이 좋아진다. 이런 아이의 놀이를 방해하고 못 하게 할 이유가 없다. 재원이도 딱 일 년 동안이었다. 그 후에는 규칙이 있는 놀이로 관심이 이동한다.

행복한 경험과 기억이 많은 아이는 마음 근육이 단단해져서 시련이 닥쳐도 이겨낼 힘을 가진다고 한다. 미국의 뇌 과학자 캘리 램버트에 의하면 뇌 속에는 정신적 시간여행을 위한 시스템이 내장되어 있다고 한다. 어른이 되어서 어릴 때의 친숙한 환경이나 기억을 만나면 뇌의 정서적인 부분이 활성화되면서 과거에 경험했던 감정을 다시 체험하게 된다고 한다.

어릴 때 좋아하는 놀이로 행복한 시간을 많이 갖도록 해보자. 행복을 저축해 놓으면 힘들 때마다 꺼내 쓸 수 있는 유용한 처방전이 될 수 있기 때문이다.

책과 함께 생각하기

이 책은 어린 시절의 여러 가지 체험이 성장 과정에 얼마나 큰 힘이 되며, 지속적인 에너지가 되는가 등에 대해서 언급합니다. 특히 현재 자녀 양육에 골몰하고 있는 부모에게는 새로운 눈을 뜰 수 있는 신선한 감회를 줄 것입니다. 옛날에 잊어버렸거나 내던져 버린 여러분 자신의 어린 시절의 경험에 대해 깨닫게 해 줍니다. 또, 그것이 당신 자녀의 내적인 세계를 이해하는 열쇠가 된다는 것도 시사해 준답니다.

– 어린이 그림책의 세계(마쓰이 다다시) 중 모리스 샌닥『깊은 밤 부엌에서』

💡 **생각 질문1**

어릴 때 열광했던 무언가가 있었나요?

💡 **생각 질문2**

힘들 때 나를 견디게 해주는 행복한 추억이 있나요?

4.
자동차를
좋아하는 아이
〈5~7세〉

혁이는 자동차 번호판 읽는 걸 좋아했다. 처음에는 자동차가 좋아서 그런 줄 알았다. 장난감을 사줘도 앞뒤의 번호판부터 살핀다. 숫자에 민감하다. 엘리베이터를 한번 탔다 하면 열 번 정도는 오르내리기를 반복한다. 여러 아이를 봐 왔지만 이런 경우는 처음이어서 '내 아이가 혹시 아픈 아이가 아닐까'하고 걱정하기도 했다. 시간이 흐르면서 그건 쓸데없는 걱정이라는 것을 알게 되었다. "엄마, 이 자동차는 칠천팔백구십오예요!" 가르쳐주지 않았는데도 어려운 숫자 읽기를 척척한다. 혁이의 숫자 사랑은 번호판 읽기부터 시작해서 더하기, 곱하기, 나누기, 빼기 순으로 옮겨갔다. 고양이 인형과 푸우 인형에 애착을 주던 아이가 만질 수도 대화를 나눌 수도 없는 숫자에 대한 무한 관심과 애정을 준다. "엄마, 7385 곱하기 3은 뭐게요?" 이런 질문을 놀이처럼 한다. 특정한 숫자를 좋아해서 7385는 아직도 혁이가 쓰고 있는 휴대폰 번호이기도 하다. 호기심 많고 배우기를 즐기던 아이는 십진법의 원리를 알고부터 사랑에 빠진 것 같다. 확실한 답을 얻게 되는 과정도 즐겼다. 아이가 묻는 말에 "글쎄? 엄마는 머리가 복잡해서 도저히 모르겠어." 하면 통쾌하다는 듯 대답을 낚아채며 웃었다. 숫자가 놀이가 된 혁이는 한동안 재미있게 수 놀이에 빠졌다. 학습으로 연결시키려는 욕심을 버리고 혼자 문제를 내고 풀이하는 과정을 즐기게 내버려 두었다. 놀이를 거듭할수록 단계가 올라가서 해결하기 힘들어할 때는 약간의 양념을 주듯이 새로운 지식을 뿌려 주었다. 과하지 않게, 호기심을 자극하는 정도로만 준다. 불필요한 간섭을 않고 아이가 원하는 놀이를 실컷 하게 놔두었다. 충분히 만족한 아이는 또 한 단계 성장한 모습을 보여 준다.

놀이방에 들어오는 정원이의 양손에 장난감 자동차가 있다. 28개월 됐지만 아직 말은 제대로 못 한다. 처음 만난 나를 의식도 하지 않고 가지고 온 노란 자동차를 바닥에 대고 "슝슝"하며 놀이에 몰입한다. 볼을 방바닥에 붙이고 바퀴가 굴러가는 것을 보며 같은 동작을 반복한다. 정원이에게 자동차는 굴러가는 신기한 장난감이다. 다른 놀잇감은 관심이 없다. 어린이집 갈 때나 외출할 때면 항상 들고 다니는 노란 자동차는 분신이다. 노란 자동차가 있는 곳에 정원이가 있고 정원이가 있는 곳엔 노란 자동차가 있다. 엄마의 육아 휴직이 끝나고 어린이집을 다닌 이후에는 애착물인 자동차가 더 애틋했다. 자동차는 엄마가 돌아올 때까지 마음을 의지할 수 있는 친구다. 또래와 상호작용이 잘 안 되는 정원이를 위로해 주는 고마운 벗이다. 엄마는 자동차에 지나치게 집착하는 아이가 걱정스럽다. 엄마가 생각하는 이 지나침은 그다지 오래 가지 않는다. 오히려 엄마와 함께했던 빈자리를 채우고 있는 장난감 자동차에게 고마워해야 한다. 시간이 흘러 마음이 더 단단해지고 안정이 되면 자연스럽게 손에서 놓게 된다.

성주는 자동차를 좋아했던 대학생이다. 아기 때부터 굴러가는 공을 좋아했다. 배밀이 할 때 엎어져 있는 아기에게 공을 굴려주면 공을 유심히 보고 있었다. 공이 멈추면 다른 곳으로 시선을 돌렸다가 다시 굴려주면 지겨워하지도 않고 쳐다본다. 기질적으로 예민한 아이다. 걷기 시작하고 몸을 독립적으로 움직이기 시작하면서 자동차를 좋아하게 되었다. 특히 바퀴에 관심을 가진다. 자동차 종류에 따라 바퀴가 달라진다는 걸 신나는 얼굴로 설명한다. 어린 성주가 설명해 줬을 때 자동차 바퀴 종류가 그렇게 많다는 걸 처음 알게 되었다. 바퀴에 대한 지식을 섭렵하더니 이번엔 내부구조에 관심을 가진다. 확실히 알기 전에는 표현을 잘 하지 않는다. 자동차에 관한 책을 열심히 보더니 엔진을 그리고 내부구조를 세밀하게 그린다. 감탄사가 절로 나온다. 알게 된 사실이 있을 때마다 그림으로 표현하고 남겨 놓는다. 자동차에 대한 호기심이 충족된 이후에는 더 관심을 두지 않는다. 영아기부터 시작된 자동차 사랑은 그렇게 끝이 났다. 지적 호기심이 왕성했던 성주는 확장의 사고를 하면서 욕구를 채워 나갔다. 이후에는 바다 생물학자가 되어서 고래부터 시작해서 미생물까지 탐구하기 시작했다. 어느 날 방문했던 집에 벽면 한가득 바다 생물을 그려 놓은 작품을 보았다. 바다 깊은 곳에 사는 물고기와 얕은 곳에 사는 물고기를 분류해 질서 있게 그려 놓은 그림은 마치 도감을 보는 듯했다. 성주가 관심 있어 하고 좋아하는 것을 마음껏 하게 내버려 둔 엄마 덕분에 행복한 유년기를 보냈다. 왕성한 호기심을 충족할 때마다 지성을 발달시켜 나갔고 새로운 지식을 습득하는 걸 좋아하는 아이로 자랐다. S대 학생이 된 성주의 성장 과정을 보면서 나는 자동차를 좋아하는 아이를 좀 더 관찰하는 습관이 생겼다.

세욱이는 특별한 애착물이 없다. 몸이 들어가는 미니카를 구입하면서 자동차를 좋아하게 되었다. 자동차 모형만 보고도 차종과 이름을 다 아는 자동차 박사이다. 외형적인 모양에 관심이 더 많다. 놀이할 때도 다양한 모양의 자동차를 만들고 표현한다.

"선생님, 이건 하늘을 나는 자동차에요. 날개가 없어도 날 수 있어요. 왜냐구요? 이 안에 날 수 있는 장치가 다 들어있기 때문이에요." 그리고는 한 손에 만든 자동차를 들고 방을 한 바퀴 획 돈다. 작은 네모 블록으로 생김새가 다른 여러 가지 자동차를 만들며 행복해한다. 얼마 후에는 종이에 표현한다. 블록으로는 표현할 수 없는 것들을 세밀하게 그려 넣으며 제법 세련된 자동차를 만든다. 자동차 디자인에 관심을 보이는 세욱이를 위해 엄마는 모터쇼 행사가 있을 때마다 데리고 다닌다. 함성을 지르고 그곳에 다녀온 후면 꼭 스케치한다. 자동차를 그림으로 표현하면서부터 입버릇처럼 말하던 꿈은 자동차 디자이너다. 세욱이는 벌써 자동차 디자이너가 된 듯하다. 좋아하는 것이 꿈이 된다는 것은 정말 멋진 일이다. 아직 어려서 꿈에 대한 설계가 정확히 이루어지지 않지만 자동차를 그릴 때 아이의 얼굴은 세상을 다 가진 모습이다.

"선생님, 제가 어른이 되면 선생님 차도 디자인해 드릴게요!" 폼나게 말하는 세욱이의 모습은 허풍스럽게 보이기보다 당당하고 자신 있어 보인다. 어쩌면 꿈이 바뀔 수도 있겠지만, 지금의 세욱이 꿈을 응원한다. 좋아하는 것을 꾸준히 하다 보면 잘하는 것이 되고 가슴을 뛰게 만드는 일이 될 것이다.

놀잇감은 아이들에게 소통의 도구이다. 소통의 대상이 친구일 수도 있고 부모일 수도 있다. 누구와 놀이 하느냐에 따라 다르게 반응하는 아이들을 관찰한다. 애착물이 좋아하는 놀이도구가 되기도 하고 특히나 좋아하는 놀잇감이 애착물이 되기도 한다. 아이가 어떤 놀잇감을 선호하는지를 살펴보면 성향이나 성격을 파악하기도 쉽다. 인지발달을 가늠해 볼 수도 있고 아이에게 지금 무엇이 필요한지 알며 도움을 줄 수도 있다. 놀이에서도 너무 과한 간섭은 금물이다. 아이가 생각한 것을 자연스럽게 표현하고 발산할 수 있는 환경을 마련해 준다.

책과 함께 생각하기

『고 녀석 맛있겠다』 시리즈 12. 언제나 유쾌한 그림으로 가슴 따뜻한 이야기를 전하는 미야니시 타츠야 작가의 그림책입니다. 우리가 알고 있는 포악한 육식공룡 티라노사우루스와 달리 겁 많고 순진한 티라노사우루스가 이 책의 주인공입니다. 친구가 갖고 싶지만 다가설 용기가 없고 누군가 먼저 다가와 주기를 바라는 모습은 관계 맺기에 서툰 아이들의 마음을 대변하는 듯합니다. 그리고 마음을 열어 가는 과정 속에 용기를 배우고, 약속의 소중함을 깨달으며 성장해 가는 주인공의 모습은 아이들에게 감동을 선사하며 용기를 줍니다. 이 책을 통해 아이들은 관계 맺기의 아름다움을 알아갈 것입니다.

– 미야니시 타츠야 『영원히 함께해요(고 녀석 맛있겠다 시리즈 12)』

💡 생각 질문1

놀이에 몰입하는 아이는 어떤가요?

💡 생각 질문2

남자와 여자의 놀이는 구분지어야 할까요?

5.
게임을
좋아하는 아이
〈7~15세〉

　3장에서 게임만 하려는 아이에 대해 이야기 했다. 게임 좋아하는 아이를 키우면서 부모가 알아야 아이를 조절할 수 있겠다는 생각을 했다. 우연한 기회에 전국 초,중학교에 찾아가는 게임 과몰입 예방교육 경남 센터장을 맡게 되었다. 점점 게임에 의존하는 학생들에게 너무 빠져들지 않게 하고 건전하게 사용방법을 알려주자는 취지로 문화체육관광부와 콘텐츠진흥원에서 주관하는 교육이었다. 경남권의 많은 학교와 학생, 교사를 만나면서 현장 체험을 많이 한 유익한 시간이었다. 학생 교육에 이어 부모의 교육도 필요하다는 인식으로 2년 동안 초,중학교 부모를 대상으로 교육하였다. 자녀와 부모가 느끼는 게임에 대한 인식은 참으로 달랐다. 가정 안에서 게임 때문에 일어나는 갈등은 예상외로 심각한 부분이 많다. 여자아이보다는 남자아이가 게임에 대한 반응이 빠르다. 남학생이 온라인 게임으로 학업에 부정적인 영향을 끼치는 반면 여학생은 쇼핑이나 SNS를 과하게 사용한다. 그렇다면 아이들은 왜 그렇게 게임에 열중하는 것일까?

유아기의 아동은 상상 놀이를 즐긴다. 공주와 왕자가 나오면 무조건 신난다. 조금 더 자라 마법사와 유령이 등장하는 놀이는 아이들의 기분을 최상으로 이끈다. 하지만 초등학생이 되면 이런 놀이가 시시해지기 시작한다. 규칙 있는 놀이가 재미있고, 생각해서 문제를 해결할 수 있는 놀이에 성취감을 느낀다. 보드게임이 가장 재미있는 시기이기도 하다. 초등 고학년이 되면 협력하며 문제를 해결하는 게임을 좋아한다. 팀을 짜서 경기하는 스포츠를 사랑하는 이유이다. 아이의 성장 욕구를 가장 잘 해소할 수 있게 만든 것이 온라인 게임이다. 바쁜 현실에서 이런 아이들의 욕구를 충족시켜 줄 수 있는 환경이 어려운 게 사실이다. 손만 뻗으면 재미있는, 아이의 성장 욕구에 맞는 게임이 수도 없이 많다. 사춘기 즈음의 아이들에게는 팀 스포츠를 즐길 여유도 없다. 가장 강력하게 재미있는 놀이를 온라인에서 제공해 준다. 다소 공격성이 강하더라도 개의치 않는다. 게임 안에서 친구와 만나 한 팀이 되어 승리하게 되면 그날은 공부도 잘되고 가기 싫던 학원도 기분 좋게 가게 된다.

지욱이는 요즘 유행하는 배틀그라운드에 심취해 있는 중학생이다. 어렸을 때부터 TV 보는 것 때문에 엄마와 수없이 싸웠다. 스마트폰이 생기면서 게임에 대한 열망이 더 높다. 게임 만큼은 빠지게 하고 싶은 엄마의 굳은 각오로 스마트폰을 자유롭게 사용하지 못한다. 틈만 나면 유튜브 동영상을 찾아보며 게임에 대한 욕구를 채운다. 혼자서 낄낄거리기도 하고 미간을 찌푸리고 온 정신을 집중시켜 보기도 한다.

공부도 제법 잘하는 지욱에게 게임은 친구 이상이다. 게임에 깊이 빠진 아이의 특징을 보면 혼자 있기 좋아하고 늦은 밤까지 게임을 하며 다음날 학교에서 잠을 잔다. 학업에 관심이 없고 다소 우울하며 게임에 과하게 의존한다. 하지만 지욱이는 다르다. 토요일이면 학원을 마치고 친구와 함께 보드게임을 하러 온다. 지는 것을 싫어하지만 실패를 인정하고 이길 때까지 도전한다. 온라인 게임 내용도 중계하듯이 한다.

"PC방에 가고 싶었을 텐데 어떻게 매주 선생님을 만나러 오니?"라고 하면 "여기선 선생님과 이야기도 할 수 있고 내 감정을 솔직하게 말할 수도 있잖아요. 온라인 게임은 정해진 시간에 하면 되거든요."하고 말한다. 이렇게 되기까지 게임에 부정적인 생각을 하시는 엄마와 자주 상담을 했다. 게임을 하고 싶은 욕구를 충족시키지 않으면 몰래 숨어서 하거나 더 많이 하게 되어 스스로를 조절할 수 없는 아이로 만든다. 차라리 아이와 약속을 정하고 지키게 하는 편이 낫다. 혁이가 그랬던 것처럼 지욱이도 시각적으로 자극을 많이 받는 아이이다. 지욱이가 게임을 하는 것은 내가 책을 좋아하고 드라마를 좋아하는 것처럼 그저 선호하는 놀이의 하나일 뿐이다.

영서는 게임을 좋아하는 5학년 남자아이다. 화를 잘 내지 않고 순한 성향이라 친구들이 좋아하지만 정작 자신은 혼자서 게임하는 걸 좋아한다. 가끔 집으로 놀러 온 친구들이 무안하리만큼 함께 노는 것에 관심이 없다. 유튜브 게임 동영상과 과학실험 동영상이 더 재미있다. 친구와의 상호작용에 큰 문제가 있는 것도 아니다. 한번 말을 시작하면 하고 싶은 말이 많아서 두서없이 나온다. 친구들이 느릿느릿 영서의 말을 끝까지 들어주지 않고 가 버린다. 그러면 또 머쓱해진 영서는 혼자만의 게임에 열중한다.

상처받기보다 말이 느리다 보니 친구들이 그럴 수도 있겠다고 이해한다. 엄마는 이런 아이가 사회성이 떨어진다고 생각한다. 그래서 집에 놀러 오는 친구에게 아들을 챙겨주는 고마움에 최대한 친절함과 놀 수 있는 환경을 제공한다. 영서와 더 오랫동안 친구 사이로 있어 주기를 바라지만 엄마 마음과 달리 친구가 왔는데도 별로 신경 쓰지 않아 답답하다. 영서는 그냥 보기에도 12살 소년으로 보이지 않는다. 체구가 작고 왜소하다. 생각도 아직은 미숙하다. 규칙 있는 놀이가 좋지만 친구들과 어울려서 하는 놀이에는 관심이 덜하다. 게임과 동영상을 보면서 원하는 욕구를 충분히 채운다. 아직은 이렇게 노는 것이 더 재미있다.

엄마의 걱정은 너무 게임에 빠지지 않을까 하는 우려이다. 게임을 좋아하는 아이에게 과한 제재를 주거나 결핍을 주면 더욱 매달리게 될 수 있다. 처음부터 약속을 정하고 지킬 수 있도록 격려하고 관심을 가져야 한다. 아이가 하는 게임 이름 정도는 알고 있으면 '좀 아는 엄마' 소리를 들을 수 있고 캐릭터까지 꿰고 있으면 '말이 통하는 엄마'로 대접받을 수 있다. 아이가 하는 게임으로 대화하고 관심 갖는 가정에서는 게임으로 인한 갈등이 심하지 않고 아이도 깊이 빠져들지 않는다.

지원이는 온라인 게임을 별로 좋아하지 않는 중학생 남자아이다. 시험을 마친 또래들이 모두 PC방으로 향할 때 혼자 집으로 간다. 흔치 않은 사례다. "친구들이 게임 이야기를 하면 아는 게 없어서 소외되지 않니?"라고 물으니 "상관없어요. 저는 제가 아는 얘기를 하고 그냥 들어주면 돼요." 게임을 해야 친구들과 잘 어울릴 수 있다는 말을 들은 엄마도 "게임 좀 해!"라고 해도 재미없다고 말한다. 내가 봐도 천연기념물 같은 아이다. 소극적이고 수줍음이 많다. 낯가림이 많아서 친해지는 데도 한참 걸렸다. 첫 만남에서 잘 웃지 않고 마음을 표현하지 않는 지원이가 어려웠다. 하지만 보드게임을 하는 지원이 모습은 완전 딴판이다. 친해지기 전에는 지는 것도 아무렇지 않다는 듯 표현하더니 어느 정도 친숙해지니 기를 쓰고 이기려고 한다. 게임에 졌을 때는 쿨하게 인정하고 "내가 선생님께 지게 되다니! 선생님, 다른 게임으로 다시 승부해 봐요."라며 진지하지만 익살스러운 얼굴로 도전장을 낸다. 전략을 쓰고 문제를 해결해 냈을 때의 통쾌함과 짜릿함은 온라인 게임에서 적을 무찔렀을 때와 비슷한 느낌이다. 웃고 즐기는 파티게임을 할 때는 천진난만함과 그동안 쌓였던 스트레스를 다 푸는듯한 폭소를 터뜨린다. 덩달아 나도 즐겁다. 지원이는 오프라인에서 직접 상호작용하는 것을 좋아한다. 사춘기가 되면서 간섭하는 부모님이 부담스러워 대화가 줄었다. 게임을 하면서 일상을 자연스럽게 이야기 나눈다. 친구와 부모의 중간쯤 되는 우리 사이다. 엄마는 오프라인 게임을 좋아하는 지원이를 격려한다. 혹여 학원 때문에 못 오는 날이면 엄마가 더 안타까워한다. 미처 알지 못했던 아이가 좋아하는 놀이를 지지해 준다. 학업으로 받은 스트레스를 좋아하는 놀이로 풀기를 바란다.

　오래전 언니 오빠가 게임을 하는 걸 어깨너머로만 봤다. 시골뜨기인 나는 구경조차 못 했던 오락실 게임을 도시로 유학 오면서 알게 되었다. 지금은 추억의 게임이 된 '스트리트파이터, 갤러그, 테트리스' 등이 그때 유행하고 좋아했던 게임이다. 오락실에 가면 내 차례가 될 때까지 한참을 기다려야 했다. 정해진 용돈에서 잘하지 못해 사라지는 돈이 아깝기도 했다. 추억 속 게임은 스마트폰이 나오면서 나를 열광하게 했다. 그러면서 '내가 게임을 참 좋아하는 사람이구나'를 깨닫게 되었다.

　놀이 치료 도구로 보드게임을 쓰고 있다. 좋아하는 게임으로 아이들을 만나니 얼마나 행복한지 모른다. 그냥 하는 게임과 접근 방법이 다르긴 하지만 내가 하는 일에 늘 감사하며 산다. 스마트폰 게임을 시작하면 시간 가는 줄 모르고 즐기는 나를 발견하고는 당장 지워 버렸다. 해야 할 것과 봐야 할 책들이 산더미 같은 일상에 온라인 게임은 시간을 잡아먹는 괴물이었다. 가끔 해소되지 않은 게임에 대한 갈증은 성인 보드게임 동호회에 참석해 해결한다.

　게임을 좋아하는 우리 아이들도 생활에 방해가 된다면 언제든 삭제

해 버릴 수 있는 자기 조절력을 키우면 된다. 여러 번 강조하지만 조절할 힘을 키우는 것은 무조건 못하게 하거나 박탈하는 것이 아니다. 좋아하는 것은 어느 정도 할 수 있도록 해야 한다. 부모의 현명한 시노 아래서 말이다.

틈만 나면 게임한다고 중독이라 하지만

난 학교 갔다 와서 할 뿐

난 학원 갔다 와서 할 뿐

난 밥 먹고 할 뿐

난 똥 싸고 할 뿐

학교도 안가 학원도 안가 밥도 안 먹어 똥도 안싸

틈도 없이 하는 게 중독이지

틈도 없이 잔소리 하는 엄마가 중독이지.

– 강기화 동시 『중독』

💡 생각 질문1

아이가 가장 좋아하는 게임을 알고 있나요?

💡 생각 질문2

아이의 게임성향과 캐릭터 이름을 알고 있나요?

.6.
책을 좋아하는 아이
〈8~13세〉

책에 관한 로망이 있다. 벽면 가득 채워진 책장을 가지고 있기를 소망한다. 시골집 가난한 농부의 딸이었던 나는 친구의 책을 빌려 읽으며 자랐다. '키다리 아저씨, 어린 왕자, 나의 라임 오렌지 나무……' 얼마나 두근거렸고 좋았는지 모른다. 문화적인 혜택을 못 받고 자란 나에게 책 속의 세상은 꿈을 꾸게 했고 미지의 세계에 대한 상상력을 키워 주었다. 연구소에 오는 아이 중 책을 좋아하면 뭔가 통하는 느낌이 든다. 나도 그 아이의 나이로 돌아가서 주인공에 관해 이야기하며 서로의 생각을 공유하기도 한다. 공감대가 형성되어 쉽게 마음의 문을 열고 다가온다.

아이가 책을 좋아하는 아이로 자라길 바랐다. 없어서 못 읽었던 내 어린 시절과는 다른 환경으로 키우고 싶었다. 아이의 심리와 발달을 알고 있었던 터라 시기에 맞는 책을 사주며 호기심을 충족시켜 주었다. 초등학교 3학년까지 열심히 읽던 책을 휴대폰이 생기면서, 게임을 좋아하게 되면서 책 읽는 아이의 모습은 볼 수 없다. 가끔 잔소리도 하지만 부질없는 짓이라는 걸 안다. "엄마, 휴대폰으로도 다 볼 수 있어요."라고 말하지만 아날로그 세대인 나는 종이책을 강조하며 아들과 대립각을 세운다. 게임을 하는 아들을 존중해 주고 책과 친한 엄마의 모습을 보여 준다. 고등학생이 되면서 학업이 힘들 때마다 책 읽는 아이의 모습을 본다. 읽은 책으로 대화할 때 '참 많이 컸구나. 이제 어린아이가 아니구나.'라는 생각이 들 정도로 성숙했다. "엄마, 저도 책 좋아해요."라고 말했을 때는 정말 뿌듯하기까지 했다.

아이가 책을 많이 읽었으면 하는 간절함에 강박적으로 아이에게 책을 권하는 엄마들을 본다. 아이는 엄마의 정서를 가장 먼저 알아차리는 재주가 있다. 말로 표현하지 않지만 엄마가 간절히 원하는 것을 안다. 그 마음을 이용하기도 하고 채워주기도 하면서 자란다. 책을 들이댈 때마다 재미와 호기심보다 엄마의 마음이 부담스러워 책 읽기도 함께 부담스럽다 어디에서나 들어봤음직 한 말 "부모가 먼저 책 읽는 모습을 보여 줘라!"고 나도 말하고 싶다. 한글을 알게 되었더라도 완전한 읽기 독립이 이루어질 때까지는 책을 읽어 주어야 한다.

혁이가 5살 때 휴일이면 나와 놀이로 즐기던 한글을 술술 읽는 걸 보고 놀랐다. 그때부터 동화책을 읽는 아이가 신기하고 기특해서 계속 읽기를 강요했다. 책 읽어 달라고 하면 혼자 읽어 보라고 했더니 동화책을 아예 가지고 놀지 않는다. 그때서야 잘못됐다는 것을 깨달았다. 한번 멀어진 관심을 되돌리는 데는 많은 시간과 노력이 필요했다. 구연동화로 이야기를 재미있게 해 주다가 "그럼, 책에는 어떻게 되어 있나 볼까?" 하면서 책 보기를 유도했다. 호기심 많은 아이의 장점을 이용해 클라이맥스 부분까지 읽어주고는 덮어 버린다. 뒷이야기가 궁금해진 혁이는 참을 수 없어 혼자 책을 펼쳐 본다. 책을 좋아했던 아이를 잘못된 방법으로 싫어하게 만들었다. 다시 좋아하게 되기까지 두세 배의 노력이 필요했다. 교육에도 전략이 필요하다.

진희는 책이라면 가리지 않고 닥치는 대로 읽는 10살 여자아이다. 장르를 불문하고 읽지만 특히 좋아하는 책은 공상과학 소설이다. 책에 관한 이야기를 할 때면 눈을 반짝거리며 말이 빨라진다. 독서 수준이 높다. 어떤 주제에 관한 논쟁을 벌여도 꿀리지 않는 지식과 견해로 반론을 제시하기도 한다. 똑 부러진 성격에 아는 것도 많다. 친구들이 하는 말 중 논리에 맞지 않거나 사실과 다른 이야기를 하면 정확하게 짚어 준다. 또래들과 이야기하며 노는 건 시시하다. 차라리 책을 보는 게 더 재미있다. 책에 너무 많은 애착을 가지고 있으니 엄마의 잔소리는 "책 좀 그만 봐라!"이다.

유아기로 거슬러 올라가니 어린이집 적응을 못 하는 아이가 있다. 예민한 기질의 아이는 고집이 세고 한 번 울기 시작하면 끝을 본다. 마음대로 되지 않거나 성에 차지 않으면 친구를 물기까지 한다. 육아가 고통스러웠던 엄마다. 눈만 뜨면 아이와 대립하는 상황에 엄마도 힘들었지만 진희도 마찬가지이다. 타고난 기질을 어떻게 할지 몰랐다. 엄마와 틀어진 진희는 혼자서 그림책 보기에 열중한다. 그림을 보며 내용을 이해하고 이야기를 만들어 보기도 하면서 논다. 화가 났던 기분은 사라지고 없다. 한글을 알게 되면서 책 읽기를 더 좋아한다. 그림에서 표현되지 않았던 내용을 알게 되고 상상의 나래를 끝없이 펼친다.

혼자 상상과 공상을 했던 이야기를 나와 함께 나누던 날, '이런 느낌은 처음이야'라는 표정으로 수다쟁이가 된다. 맞장구치며 이야기에 빠져든다. 날카롭고 쌀쌀맞다고 생각한 딸의 모습이 변하는 걸 보며 엄마도 조금씩 변한다. 말이 하고 싶었던 진희는 책 속에 갇혀 있던 자기의 모습을 인지하고 내가 바라보고 있는 현실로 걸어 나오고 있다는 게 느껴진다. 다양한 지식이 들어가 똑똑하고 자신감 있어 보이지만 마음이 함께 자라지 못했다. 단짝 친구가 한 번도 없었다. 간절히 바랐지만 어쩌다 친해진 친구도 싸우다 결별하고 만다. 그럴수록 책을 보며 위안을 받기도 했다.

힘들고 외로웠을 때 진심으로 위로받지 못했던 아이의 마음을 들여다본다. 감정을 나누는 경험을 하고 솔직하게 표현하며 묵혀 두었던 깊은 상처를 드러낸다. 가끔 친구와 대화하는 것 같은 편안함을 진희에게서 받는다. 열 살 꼬마와 친구가 된다. 분명 진희가 갖고 있는 장점이다. 자기의 장점이 하나도 없다고 생각하는 아이다. 부정적인 사고로 꽉 채워진 머리와 마음속에 나는 팅커벨이 지팡이를 톡 건드리는 것처럼 아이에게 영향력을 미친다. 내 사랑을 받아먹는 진희가 예쁘다.

단아는 책을 많이 읽는 11살 아이다. 어렸을 때부터 읽은 책이 수백 권이다. 내향적인 단아는 친구도 좋아하지만 책 읽기를 더 좋아한다. 그런 단아를 위해 서재를 꾸미고 많은 책을 갖춰 주는 엄마다. 굳이 책 읽으라는 잔소리를 하지 않아도 스스로 읽으니 만족스럽다. 하지만 사용하는 어휘나 시험을 칠 때는 책을 많이 읽은 아이가 맞나 할 정도이다. 국어 성적이 뛰어난 것도 아니고 위 사례의 진희처럼 책에서 읽은 내용을 줄줄 표현하는 것도 아니다. 그저 읽기만 한다. 밖으로 표시 나지 않는 독서를 하는 아이를 보고 이웃집 엄마들은 독후 활동을 안 해서라는 말을 한다. 그런 말을 들으면 또 '그래서인가? 아이를 내버려 둬도 되나?' 하는 고민을 하게 된다. 엄마가 갈팡질팡하고 있을 무렵 단아가 달라지기 시작한다. 여러 번 나와 만나면서 자존감을 올린 아이는 논리적으로 말을 한다. 부끄러워서 손을 들지 않던 아이가 스스로 손을 들고 발표한다. 질문에 대한 답을 조리 있게 말하는 단아의 내공이 보인다. 엄마들의 이야기만 듣고 수업시켰다면 책 읽기를 멀리하게 되었을지도 모른다.

책을 좋아하니 요즘 유행하는 하브루타 교육에 관심이 많다. 책도 읽어보고 아이들과 질문할 때 적용해보고 싶은 마음이 강했다. 알면 알수록 재미있는 하브루타식 질문법이다. 비폭력 대화, 감정코칭, 하브루타를 나만의 방식으로 아이들과의 상담에서 적용해본다. 이 세 가지 방법의 공통점은 공감하기다. 말하는 사람의 마음을 이해하고 공감하며 질문을 하다 보면 상담사로서 내가 원하는 것을 얻을 수 있다. 말하는 아이의 입장에서도 평가받거나 정해진 답을 원하는 게 아니니 자연스럽게 자기의 마음을 표현할 수 있다.

아이들은 책을 싫어하지 않는다. 단지 책을 접하는 과정에서 앞서 내가 범했던 오류가 있었을지도 모른다. 책을 장난감처럼 가지고 놀며 호기심을 보일 때마다 읽어 준다. 너무 과하거나 모자람이 없이 자연스럽게 접해주면 된다. 책을 좋아하는 아이는 자라면서 잠깐 책과 멀어진다고 하더라도 필요하면 언제든 다시 펼쳐 볼 수 있다. 성인이 되었을 때 아주 큰 장점이 될 수 있다. 힘들 때나 외롭고 쓸쓸할 때 책으로 위로받을 수 있는 어른이 될 것이다.

책과 함께 생각하기

글이 없는 그림책으로 책을 읽던 아이가 책에서 자란 싹을 키우는 모습을 담고 있으며, 책 읽기의 다양한 즐거움을 나무의 사계절에 비유한 흥미로운 그림책입니다.

책장이 가득한 방에서 아이가 책을 꺼내 책을 읽습니다. 그러자 신기한 일이 일어납니다. 책 속에서 연둣빛 새싹이 쏘옥 고개를 내밉니다. 아이는 마당에 그 싹을 심습니다. 구름이 비를 뿌리고, 싹은 무럭무럭 자랍니다. 봄이 지나고 여름이 되자 나무에는 책 이파리가 무성하게 돋아납니다. 책 이파리들은 팔랑팔랑 손짓하며 아이를 부르고, 아이는 나무를 타고 올라갑니다.

– 김성희 『책나무』

💡 생각 질문1

책을 좋아하는 아이는 어떤 장점이 있을까요?

💡 생각 질문2

독서에 대한 강요를 한 적은 없나요?

7.
운동을
좋아하는 아이
〈5~13세〉

　수호는 몸집이 작아도 날렵하고 빠르다. 산만하진 않지만 넘치는 에너지를 밖에서 풀어야 한다. 온종일 집 안에만 있는 날에는 몸이 근질근질하고 엄마를 힘들게 한다. 하루에 한 번은 꼭 놀이터에 다녀와야 집이 평화롭다. 초등학교에 들어가면서 축구를 시작했다. 물 만난 물고기처럼 작은 체구로 형들도 제압하며 열심히 한다. 운동할 때가 가장 행복하다. 축구를 하기 위해서 엄마와 한 약속은 되도록 지키려고 한다. 과제가 많은 날은 전날 많이 뛰었던 피로 때문에 짜증도 부리지만 숙제를 안 하면 축구를 할 수 없다는 규칙 때문에 억지로라도 노력한다. "축구가 그렇게 좋니?"라고 물으면 일초의 망설임도 없이 "네!"라는 대답이 돌아온다. 운동을 좋아하는 수호를 보며 옛날 친구가 생각났다.

　작은 시골 초등학교에서 같이 공부했던 친구들을 대부분 중학교에 올라가서도 다시 만난다. 수업 시간 종이 울렸음에도 공을 차느라 들어오지 않는 남자아이가 있었다. 깡마르고 왜소했던 그 아이는 늘 축구공을 끼고 다녔다. 중학교에서도 체육대회 때 선수로 빠지지 않고 뛰는 친구다. 공부와는 담을 쌓고 사는 아이 같았다. '운동선수' 하면 그 친구부터 떠오른다. 세월이 한참 지나 동창 모임에 나간 적이 있었다. 그 친구가 뭘 하고 있는지 참 궁금했다. 태권도 박사과정을 마쳤다고 한다. 운영하는 도장도 여러 개 있다고 한다. '잘하고 좋아하는 것을 하면 성공하는구나' 싶었다. 인생이 원하는 대로 흘러가는 건 아니지만 좋아하는 것을 직업으로 선택하고 사는 삶은 행복하다. 남들이 정한 가치보다 스스로 가치를 찾고 만족한다. 그야말로 즐기면서 사는 삶이 된다. 수호도 그런 어른이 되지 않을까.

영수는 다부진 몸에 탄력 있는 근육을 자랑하는 8살 아이다. 누가 봐도 건강하다는 말이 절로 나올 정도니까. 가무잡잡한 피부는 시간만 나면 밖에서 뛰노느라 생긴 트레이드마크 같은 것이다. 엄마는 공부를 시키고 싶다. 요즘은 운동선수도 공부해야 한다는 생각을 하는 엄마의 가치관이다. 조기교육과 적기교육의 중요성을 인지하며 아기 때부터 많은 교육을 받았다. 영어와 수학을 배우고 과학도 배운다. 정작 영수는 그런 배움에는 흥미를 잃어가고 운동에만 관심이 있다. 아이의 성화에 못 이겨 시작한 축구는 코치가 눈여겨볼 정도로 재능이 있다. 10살이 되었을 때 시작한 야구는 영수의 마음을 완전히 빼앗아 버린다. 그때까지도 공부 잘하는 아이로 키우고 싶은 엄마의 욕심이 있었다. 야구를 대하는 아이의 눈빛과 의지를 보면서 엄마는 어느 정도 마음을 비우고 협상을 한다. 최소한의 공부는 해야 한다는 다짐을 받고 본격적인 선수 생활을 시작했다. 팔과 다리에 배터리를 단 것처럼 빠르고 날렵하다. 좋아서 하는 운동이니 공부할 때와는 태도부터 다르다. 적극적이고 잘하려고 노력한다. 운동신경이 눈에 띄게 발달한 아이를 알아본 코치가 야구부가 있는 학교로 전학할 것을 권유해 학교도 옮겼다. 영수는 누구보다도 행복한 시간을 보내고 있다. 좋아하고 잘하는 것이 꿈이 된 아이다.

태수는 팔방미인 10살 아이다. 학교 공부, 미술, 음악, 운동 등 모든 것들을 잘하기도 하지만 좋아한다. 생각을 깊이 하는 게임을 좋아한다. 그림을 그릴 때는 옆에서 누가 뭐라고 해도 듣지 못하고 몰입한다. 이것저것 실험도구가 될만한 것들을 가지고 실험해보고 관찰하는 것을 즐긴다. 클래식 음악을 자주 듣고 피아노 치는 것도 즐겨한다. 그중에 특히 좋아하는 것은 운동이다. 하고 싶은 게 많으니 일주일이 바쁘다. 토요일마다 친구들이랑 하는 축구 수업은 빠져서는 안 되는 우선순위 수업이다. 어쩌다 토요일이 공휴일이 되는 날에는 아이스크림을 못 먹을 때보다 더 실망한다. "선생님, 저는 과학자 아니면 건축가 아니면 축구선수가 되고 싶어요." 물어보지 않아도 설레는 표정으로 좋아하는 것들을 나열하며 말한다. 하고 싶은 것도, 꿈도 많은 아이다. 축구 경기장에 가면 일주일 동안 보관했던 에너지를 방출한다. 과하게 뛰어 깁스 하는 부상을 여러 번 입는다. 그래도 좋다. 태수를 보면 "피가 끓어 오른다"는 표현을 이해할 수 있다. 열정과 에너지가 대단한 열 살 꼬마에게서 좋아하는 것을 대하는 태도를 배운다. 앞뒤 가리지 않고 그것에만 열중하고 몰입하는 에너지가 부럽다. 태수의 10년 후, 20년 후가 매우 궁금하다.

재능을 타고난 아이를 본다. 부모가 미처 못 알아볼 때는 얘기를 해줄 때도 있다. 가진 재능을 살리고 도와주는 일은 보람 있다. 행복한 일상을 사는 모습을 보면 더욱더 흐뭇하다. "운동으로 성공하는 사람이 몇이나 되겠어요?"라며 아이가 좋아하는 것을 막는 부모도 본다. 그 길이 험난하고 경제적인 부담이 크다는 것도 안다. 현실적인 계산으로 아이의 꿈을 막는 경우도 있다.

시은이는 좋아하는 축구를 포기하고 꿈이 없어지면서 한때 무기력증에 빠졌던 조카다. 여러 가지 사정과 상황이 있었지만 볼 때마다 안타까웠다. 공부든 운동이든 예술이든 아이가 하고 싶다고 말하는 것은 일단 한번 지켜보며 지지해 주고 격려해 주자. 세상에서 나를 가장 아끼고 사랑해주는 든든한 응원군은 부모님이다. 설상 이루어지지 않는다고 해도 사랑받고 응원받은 경험으로 또다시 새롭게 시작할 힘이 생긴다.

책과 함께 생각하기

벤은 주머니에 손을 넣고 힘없이 집으로 걸어갔어요. 그리고 집 앞 계단에 앉아 지그재그 재즈 클럽의 반짝이는 불빛을 바라봤지요. 벤은 오랫동안 그 자리에 멍하니 앉아 있었어요. 재즈 클럽의 연주자들이 잠깐 쉬기 위해 밖으로 나왔어요. 트럼펫 연주자가 벤에게 다가와 물었지요. "네 트럼펫은 어디 갔니?" "트럼펫 같은 거 없어요." 트럼펫 연주자는 벤의 어깨에 손을 얹고 말했어요. "클럽으로 오너라." "자, 너에게 주는 멋진 선물이란다."

– 레이첼 이사도라 『벤의 트럼펫』 중에서

💡 생각 질문1

재능이 보이지 않는 아이가 운동선수가 되겠다고 한다면?

💡 생각 질문2

진로를 고민하는 아이에게 부모가 해 줄 수 있는 일은 무엇일까요?

8.
놀이로
크는 아이들
〈0~13세〉

시골에서 자라면서 많은 혜택을 누렸다. 산과 들에서 뛰어놀았던 덕에 자연이 주는 싱그러움과 편안함을 안다. 개구리 소리를 들으며 동생과 함께 늦은 저녁까지 골목에서 달리기했던 기억, 아버지와 함께 집앞 골목에서의 자전거 연습, 옆집 남자 친구와 엄마 아빠를 번갈아 가며 했던 소꿉놀이, 온 동네를 뛰어다니며 "꼭꼭 숨어라 머리카락 보인다"했던 숨바꼭질.

유년의 아름다운 추억은 놀이의 즐거움이다. 실컷 하던 놀이가 질리면 오솔길을 따라 조금만 가면 나오는 동네 연못에서 돌팔매질한다. 물수제비 뜨기의 으뜸인 오빠를 이기기 위해 납작하고 편편한 돌멩이를 한 움큼 모아놓고 탕, 탕, 탕 물 위를 튕기듯이 나르는 돌멩이 던지기 놀이에 시간 가는 줄 몰랐다.

내 일을 열정을 다하여 즐기며 아이들을 끊임없이 사랑하는 마음은 어릴 적 평화롭고 자유로운 놀이에서 왔는지도 모르겠다. 실컷 놀았다. 실컷 놀며 뛰어다녀도 부모님은 우리를 보며 웃어 주었다. "공부해라!"는 말은 기억에 거의 없다. 겨울만 되면 아버지가 만들어 주던 자치기는 골목 앞에서 노는 재미있는 놀잇거리였다. 그때는 아스팔트가 깔리지 않은 흙길이었다. 구덩이를 파서 짧고 날카롭게 깎은 나무 막대기를 올려놓는다. 조금 더 긴 막대로 한 쪽 끝을 탁! 치면 짧은 막대가 공중으로 날아오른다. 이때를 잘 포착해 긴 막대로 짧은 막대를 쳐서 최대한 멀리 보낸다. 긴 막대로 파 놓은 구덩이에서 길이를 재어 가장 멀리 날려 보낸 사람이 이기는 놀이다. 아득한 옛날이야기지만 즐거웠던 장면이 눈앞에 아른거린다. 자치기가 시들해지면 구덩이에서 조금 떨어진 곳에 금을 그어 놓고 구슬치기도 한다. 구멍에 최대한 가까이 가게 하는 구슬이 이긴다. 나이가 들고 몸이 커가면서 놀이도 함께 성장했다. 좀 더 머리를 쓰며 하는 게임과 스포츠를 즐긴다. 아버지가 시장에서 사 온 야구 글러브와 공은 우리를 얼마나 설레게 했던지…… 위아래로 남자 형제 틈에 끼인 나는 오빠와 동생이 하는 놀이는 무조건 함께했다. 즐겁고 행복했던 기억이 실타래 풀리듯 엮여 나온다. 힘든 일이 있을 때마다 나를 튼튼하게 지탱시켜 준 내면의 힘은 이런 기억들 때문이다. 놀이하면서 부모님의 사랑을 더 많이 느꼈고 우애도 돈독해졌다.

유치원 교사로 시작한 아이들과의 시간을 25년 동안 했다. 놀이를 좋아하는 아이들과 나는 친구가 된다. 놀이를 좋아하는 것은 아이의 본성이다. 놀이에 서툴거나 관심을 보이지 않는 아이는 아픈 아이였다. 그만큼 아이에게는 놀이가 중요하다. 놀이는 성장과 소통의 도구로 쓴다.

결혼 전에는 배운 대로 아이들을 경험했다. 그냥 예뻤고 사랑스러웠다. 말썽부리는 아이에게는 화도 내고 부끄럽지만 미워한 적도 있었다. 미성숙한 아이 같은 교사에 불과했다.

내 아이가 태어나고 키우면서 아이를 바라보는 시선이 완전히 달라졌다. 7년 동안의 유치원 교사의 경험보다 더 많이, 빨리 '어린이'라는 존재를 이해하기 시작했다. 눈높이를 맞추며 놀이를 하며 발달하는 아이를 보면서 신기했고 깨닫게 되었다. 교육회사에 입사해 다양한 아이를 만나면서 내가 소개해주는 놀이에 빠져들며 좋아하는 아이들을 경험했다. 놀이로 인지가 발달하고 정서적인 성장도 한다. 일주일에 한 번 만나는 선생님을 눈이 빠지도록 기다리는 아이들이 많아졌다. 헤어질 때는 서운해서 울기도 하고 못 가게 문을 잠그기도 한다. 엄마 아빠와 놀 때와는 다른 자기만을 위한 시간에 행복해하고 눈높이가 맞는 놀이의 재미에 빠진다.

놀이는 아이의 입장에서 자기를 표현하는 수단이다. 놀이 치료 속의 아이들은 욕구를 나타내기도 하고 자기도 인지할 수 없었던 무의식을 표현하기도 한다. 아이들의 놀이에서 해석하며 마음이 아픈 아이들을 놀이 치료로 돕고 있다. 놀이가 상담사로 일하는 나에게는 치료 도구로 쓰인다.

나는 위대한 과제를 대하는 방법으로 놀이보다 더 좋은 것을 알지 못한다.
이것이 바로 위대함의 징표이자, 본질적인 전제 조건이다.

– 프리드리히 니체

준승이는 친구들뿐만 아니라 부모와도 상호작용이 잘 안 되는 6살 아이다. 입 밖으로 뱉어내는 말은 많지만 도무지 앞뒤가 연결되지 않는다. 초집중해서 나름대로 해석을 한다. 맞장구쳐 주면 얼굴 가득 해맑은 미소를 띠며 좋아한다. 엄마는 "선생님 신기하네요. 어떻게 알아들으세요?"라며 눈을 동그랗게 뜨며 물어본다. 서론 본론 결론이 없는 준승이 말 속에는 좋아하는 비행기에 대한 생각이 가득하다. 일단 결론부터 이야기하고 떠오르는 생각들을 토막토막 뱉어낸다. 그러면 나는 그 말들을 끝까지 듣고 있다가 하나의 문장이 되게 연결해 준다. "그래, 맞았어"라며 좋아한다.

또래보다 언어가 느리고 인지발달도 느린 편이다. 놀이에서 표현한 말을 이어가며 문장으로 말하는 연습을 한다. 말이 통하니 놀이가 더 재미있다. 깔깔깔 웃기도 하고 질문하기도 한다. 몇 주 동안 눈에 띄게 달라진 모습에 "선생님, 아빠가 말이 통하니 살 것 같다고 해요."라며 웃는다. '아이와 함께 진심으로 놀아주는 시간을 조금만 가졌더라도……' 라는 아쉬움이 남는 아이다. 준승이의 부모는 아이와 어떻게 놀아주어야 하는지 방법을 몰랐다. 원하는 것이 있으면 당장 사주고 좋아하는 비행기도 엄청 많이 갖고 있다. 아빠는 아이의 말을 잘 알아들을 수 없으니 엄마의 놀아주라는 요청이 가장 어렵다. 기껏해야 텔레비전을 같이 보거나 휴대폰 게임을 하는 식이다. 엄마도 '저건 아닌데……'라고 생각하지만 방법을 모르니 어쩔 수 없다. 밖으로 나가서 공만 가지고도 얼마든지 재미있게 놀 수 있다. 아이는 본능적으로 창의적인 놀이를 만들어 낸다. 놀잇감이 없으면 없는 대로, 자연에 내놓으면 그들만의 방법을 찾아내어 재미를 느낀다. 그곳에 사랑하는 부모가 있다면 더 바랄 것이 없다. "그게 뭐야? 어 개미가 있네. 나비 좀 봐."와 같은 아주 일상적인 대화만으로도 아이는 세상을 다 얻은 것처럼 행복과 기쁨을 느낀다.

현지는 11살이지만 놀이 수준은 유아기다. 그래서 7살 동생과 쿵짝이 잘 맞다. 놀이하는 남매를 보면 똑같은 7살 두 명이 앉아 있다. 아기 때부터 스스로 한 경험이 없는 현지는 미성숙하다. 밥 먹기, 옷 입기, 양치질하기 등 모두 할머니가 대신해 주며 자랐다. 의존적인 아이이면서 정서적인 발달이 멈췄다. 바쁜 엄마가 현지에게 관심을 두고 "뭔가 잘못됐다"라고 인지하면서부터 아이는 조금씩 성장하고 있다. 다시 아기 때로 돌아가서 엄마 아빠가 함께 놀아주고 최선을 다하라고 권한다.

몸은 11살이지만 어쩌면 동생보다 더 어린 정서가 있는 아이를 이해해야 한다. 또래보다 신체발달과 성장이 빠른 딸 아이를 동생보다 어리게 보기가 쉽지 않다. 인내하며 기다려 주어야 한다. 놀이에서도 미성숙함을 그대로 보인다. 소꿉놀이를 선택하고 유치원 아이처럼 재미있게 논다. 실컷 놀고 정리할 것을 요구하자 눈앞에 보이는 것만 대충 정리한다.

엄마와 상담을 해야 해서 나머지도 정리해 달라고 부탁하고 나왔다. 현지가 가고 난 후 놀이방 소꿉놀이는 눈에 보이지 않는 곳에 뚜껑으로 덮여있다. 눈에 보이지 않으면 정리가 끝났다고 생각하는 유아기의 사고와 똑같은 현지의 머릿속이다. 집에서도 같은 행동을 한다. 그때마다 야단치고 화를 낸다면 현지의 행동은 빨리 성장하지 못한다. 무엇이 잘못되었는지 정확하게 설명해 주고 행동으로 보여주는 것이 도움이 된다.

몇 개월 동안 나는 엄마에게 끊임없이 주문했다. 있는 그대로의 현지 모습을 인정하고 받아들인다. 동생보다 못한 행동을 하는 아이를 이해하지 못해 늘 갈등상황이 벌어졌던 집안에 웃음소리가 들리기 시작했다. 엄마가 화를 내니 짜증으로만 응대했던 현지가 웃으며 동생을 챙기고 배려하기 시작한다. 마음을 이해하고 눈높이에 맞는 놀이를 하며 시작된 현지의 일상은 성장이 보인다. 놀이가 준 당연한 결과이다.

부모가 아이와 함께 제대로 놀아주기만 해도 아이에게 생기는 문제는 확연히 줄어든다. 놀이는 아이의 본능인데 놀 줄 모르는 아이가 너무 많다. 장난감이 많다고 잘 노는 것이 아니다. 앞에서도 이야기했지만 아이는 흙 하나만으로도 수십 개의 놀이를 만들어 내는 창조자다. 환경을 만들어 주고 아이를 존중해 준다면 놀이는 자연스럽게 일어난다. 잘 놀아야 공부도 잘한다. 잘 놀아야 건강하게 자랄 수 있다. 놀이의 중요성은 몇 번을 강조해도 지나치지 않다. 광고 문구 같지만 "아이들은 놀면서 배운다."는 말은 부정할 수 없는 진리이다. 놀이로 아이의 성장을 돕고 마음을 치료해주는 일을 하는 나는 더욱 사무치게 느낀다. 놀이에서 즐거움을 얻지 못하는 아이들은 우울한 아이다.

　"선생님이 제일 예뻐요."
　"선생님, 보고 싶었어요."
　"선생님, 사랑해요."

　결코 적다고 할 수 없는 내 나이에 푸르디푸른, 맑디맑은 아이들에게 이런 말을 자주 듣는 건 오직 그들과 놀아주기 때문이다. 놀면서 마음이 치유되고, 교감하면서 가장 편안하고 즐거운 안식처로의 역할을 하기 때문이다. 그런 곳이 가정이고 엄마, 아빠이면 더할 나위 없이 행복하기 위한 조건을 가진 아이다.

책과 함께 생각하기

아이들은 고양이가 된 것이 아주 기쁘다. 고양이는 자신들이 하지 못 하는 일을 할 수 있기 때문. 평소에 하지 못하던 장난 거리를 찾아본다. 어머니에게 들켜도 고양이처럼 달아나면 고만이니까. 그래서 어머니가 찌갯거리로 준비해놓은 북어를 '물어' 내와, '입으로 북북 뜯어' 먹는다. 어머니의 호통에 (물론, 고양이처럼) 도망치는 아이들의 얼굴이 신이 났다.

— 현덕 『고양이』

💡 생각 질문1

노는 것이 왜 중요할까요?

💡 생각 질문2

유년시절 재미있었던 놀이를 떠올려 보세요. 그리고 아이를 바라보세요.

마치는 글

"아이는 어른의 거울"이라고 한다. 아이가 매트를 펴며 "자, 오늘은 무엇을 해 보고 싶나요?"라며 나를 흉내 낸다. 준비물을 준비하다가 실수로 떨어뜨리는 나를 보며 "괜찮아요. 다시 주우면 돼요." 아이의 모습에서 내가 보일 때 우습기도 하고 깜짝 놀라기도 한다. 아이들이 나의 정서를 그대로 받고 말투와 행동까지 따라 할 때 실감 나는 말이다. 그런 아이들의 모습을 보고 더욱 말과 행동에 신경 쓴다.

"아이는 어른의 스승"이라는 말도 있다. 내가 생각지도 못한 방법으로 놀이를 이끌어 갈 때, 아픈 나에게 "선생님 괜찮아요?" 물어보며 나를 챙길 때 그들에게서 배운다. 눈에 보이는 대로 거리낌 없이 표현하는 아이들의 순수함과 창의력에 감탄한다. 내가 생각지도 못한 구성물을 만들어 놓고 근사하게 표현하는 그들을 보고 배운다.

25년 동안 나를 여기까지 이끌어 온건 "아이들"이다. 가장 아끼고 사랑하는 내 삶의 전부다. 한 명도 소중하지 않은 이이는 없었다. 아끼고 사랑하는 마음을 알고 선생님이 바라는 대로 건강하게 자라주고 웃음을 주었다. 놀이 치료로 만나는 아이들은 대부분 내가 원하는 모습으로 마무리를 한다. 사랑을 주니 그들도 나를 사랑하는 마음으로 변화를 보였다. 감사할 뿐이다.

　신이 내게 주신 단 하나의 능력은 '아이들을 사랑하는 마음'이다. 꼬부랑 할머니가 되어서도 아이들을 만나며 도움을 줄 수 있으면 좋겠다.

　들어가는 글을 쓰면서 벅차올랐던 감동이 마치는 글을 쓰면서 두 배로 증폭된다. 처음 글을 써야겠다고 마음먹었을 때부터 아이들의 이야기를 쓰고 싶었다. 나와 아이들의 이야기가 누군가에게 선한 영향력을 줄 수 있다면 더 바랄 것이 없겠다. 사례 속의 모든 아이들의 이름은 가명이다. 유일한 실명은 최준혁, 아들이다. 혁이라고 부른다.

　엄마를 항상 자랑스럽게 생각하는 혁이가 잘 자라줘서 감사하다. 혁이가 태어나면서 세상의 모든 아이가 다 예뻐 보였다. 일을 더 사랑하게 되었고, 아들과 가르치는 아이들이 자라는 것을 보며 사는 일상에 감사하고 행복하다.

　옆에서 그림자처럼 따라다니며 일을 도와주는 남편이 있어서 오늘의 내가 있다. 한 번도 고맙다는 말을 못 하고 당연한 듯 받기만 했다. 남편과 가족이 있었기에 지금의 내가 있다. 언제나 든든한 지원군으로 도와주고 격려해 주는 남편에게 무한 감사와 사랑을 전한다.

　'윤정애'를 믿고 맡겨 주시는 아이의 부모님에게도 감사를 전한다. 짧게는 몇 개월, 길게는 9년 동안 아이를 맡겨 주는 부모님도 있다. 세월이 얼마만큼이든 내게는 모두 소중한 인연이다. 기억력이 부족한 내가 아이들의 이름만큼은 오래 기억한다. 나를 스쳐 지나는 아이들도, 오랫동안 만나는 아이들도 세상에서 가장 행복한 아이로 성장하길 바란다. 아이들을 사랑할 줄밖에 모르는 바보선생님의 사랑을 듬뿍 받아가길 진심으로 바란다.

　끝으로 집필의 꿈을 실천할 수 있게 도와 준 '이은대 자이언트 북컨설팅' 이은대 작가님께 감사의 말씀을 전한다. 투고와 퇴고의 과정에서 출판사의 조언을 담아 사례를 쉽게 이해하고 연계할 수 있는 책 소개와 생각 질문도 첨부한다. 더불어 한 뼘 성장하게 해 준 경험에 감사한다.

2018년 12월, 윤정애

도서출판 이비컴의 실용서 브랜드 **이비락** 樂 은 더불어 사는 삶에 긍정의
변화를 가져다 줄 유익한 책을 만들기 위해 최선을 다합니다.
원고 및 기획안 문의 : bookbee@naver.com